甲壳素/壳聚糖在环境保护中的应用研究

刘秉涛　王海荣　著

中国水利水电出版社
www.waterpub.com.cn
·北京·

内 容 提 要

近年来，甲壳素、壳聚糖的应用一直是研究的热点，本书综述了近期中文、外文的有关甲壳素、壳聚糖在环境保护方面的研究，重点论述了甲壳素、壳聚糖的物化性质、化学改性方法，在水处理、土壤修复技术、抗菌等方面的应用研究现状，以及甲壳素、壳聚糖清洁生产技术，几个环境保护方面的应用示例等。本书可作为环境科学与工程、资源综合利用、水产学等专业师生的参考书，也可供科研人员和管理人员参考。

图书在版编目（CIP）数据

甲壳素/壳聚糖在环境保护中的应用研究 / 刘秉涛，
王海荣著. -- 北京 ：中国水利水电出版社，2021.1（2024.1重印）
ISBN 978-7-5170-9403-6

Ⅰ．①甲… Ⅱ．①刘… ②王… Ⅲ．①甲壳质－应用
－环境保护－研究 Ⅳ．①Q539②X

中国版本图书馆CIP数据核字(2021)第022011号

策划编辑：石永峰　　　责任编辑：高　辉　　　封面设计：李　佳

书　名	甲壳素/壳聚糖在环境保护中的应用研究 JIAQIAOSU/KEJUTANG ZAI HUANJING BAOHU ZHONG DE YINGYONG YANJIU
作　者	刘秉涛　王海荣　著
出版发行	中国水利水电出版社 （北京市海淀区玉渊潭南路 1 号 D 座　100038） 网址：www.waterpub.com.cn E-mail：mchannel@263.net（万水） 　　　　sales@waterpub.com.cn 电话：（010）68367658（营销中心）、82562819（万水）
经　售	全国各地新华书店和相关出版物销售网点
排　版	北京万水电子信息有限公司
印　刷	三河市华晨印务有限公司
规　格	170mm×240mm　16 开本　12 印张　142 千字
版　次	2021 年 1 月第 1 版　2024 年 1 月第 2 次印刷
定　价	60.00 元

前　　言

随着人工养殖虾蟹业的发展，虾壳和蟹壳这些固体废弃物数量越来越多，对这些废弃物进行资源化利用已成为全球的热门研究领域。虾壳和蟹壳应用的主要途径是开展有关甲壳素和壳聚糖（壳聚糖是甲壳素的脱乙酰衍生物）的产品研发，其应用领域覆盖了医用材料、纺织品、化妆品、生物医药、食品保鲜、环境保护等诸多方面。自 2000 年以来，我国每年发表的有关甲壳素、壳聚糖的论文超过 1000 篇，居世界第一。同时，我国已有 200 多个甲壳素、壳聚糖生产厂，成为壳聚糖的生产大国和出口大国。壳聚糖具有良好的吸附性能、絮凝性能，在环境保护方面有重要应用，可用作吸附剂、絮凝剂、抗菌剂、膜制剂、污泥处理及脱水剂等，用于工业废水的处理、饮用水的净化、重金属离子的回收、糖蜜及果汁的澄清、蛋白质的分离和回收、膜分离、土壤改良等。

本书共分 8 章，第 1 章和第 2 章分别介绍甲壳素、壳聚糖的概况，壳聚糖的物化性质、性能指标及化学改性方法；第 3 章重点介绍壳聚糖在水处理方面的应用研究现状，包括壳聚糖基水处理剂、吸附剂、壳聚糖基分离膜、磁性微球的制备和应用等；第 4 章介绍壳聚糖在土壤改良方面的应用，特别是重金属污染的土壤的修复技术；第 5 章介绍壳聚糖及其衍生物的抗菌作用；第 6 章介绍甲壳素、壳聚糖的清洁生产技术；第 7 章介绍壳聚糖在其他领域中的应用；第 8 章通过几个案例，介绍甲壳素、壳聚糖在环境保护方面的应用。

本书参考刘明华、朱婉萍、匡少平等学者出版的专著，本人的博士毕业论文的成果及国际水协 Chongrak Polprasert、Thammarat Koottatep 的相关报告撰写而成，重点介绍壳聚糖在环境保护方面的最新研究成果及应用。在此对相关学者表示衷心感谢！

本书具有深入的理论阐述和大量可操作性实例，可作为环境科学与工程、资源综合利用、水产学等专业师生的参考书，也可供科研人员和管理人员参考。

感谢王海荣老师及乔林、刘利、王勇康等硕士研究生在内容撰写、资料整理、绘制图表等多方面的协助。感谢华北水利水电大学"环境科学与工程"学科同人及河南省水环境模拟及治理重点实验室的大力支持!

由于本人水平有限,书难免存在不足之处,敬请各位专家和读者批评指正!

作 者

2020 年 8 月于郑州

目　　　录

第 1 章　绪论

1.1　甲壳素和壳聚糖的来源

1.1.1　甲壳素

甲壳素（chitin）是一种天然多糖，它广泛地存在于虾、蟹和昆虫的外壳，菌类和藻类的细胞壁，节肢动物、软体动物的外壳和软骨，高等植物的细胞壁等中。其每年生物合成的资源量超过百亿 t，其中海洋生物的生成量在 10 亿 t 以上，在自然界的含量仅次于纤维素，是地球上仅次于植物纤维的第二大生物资源，可以说是一种用之不竭的生物资源。甲壳素是地球上含量最大的含氮有机化合物，其次才是蛋白质。表 1-1 为主要来源中甲壳素和壳聚糖（甲壳素脱乙酰产物）的含量，表 1-2 为不同生物中甲壳素和 $CaCo_3$ 的含量。

表 1-1　主要来源中甲壳素和壳聚糖（甲壳素脱乙酰产物）的含量

类项	品种	含量
甲壳纲	虾壳、蟹壳	20%～25%
昆虫纲	蝗、蝶、蚊、蝇、蚕等蛹壳	20%～60%
多足纲	马陆、蜈蚣等	4%～22%
蛛形纲	蜘蛛、蝎、蝉、螨等	4%～22%

类项	品种	含量
软体动物	石鳖、鲍、蜗牛、角贝、蚶、牡蛎、乌贼等	3%～26%
环节动物	角窝虫、沙蚕、蚯蚓、蚂蟥等	20%～38%
腔肠动物	水螅、简螅、海月水母、海蜇、霞水母、珊瑚虫等	3%～30%
真菌	子囊菌、担子菌、藻菌等	从微量到45%不等

表 1-2　不同生物中甲壳素和 $CaCO_3$ 的含量

来源	甲壳素/%	$CaCO_3$/%
甲壳类动物		
蟹皮	15～30	40～50
蟹	72.1[c]	-
蟹肉	64.2[b]	-
帝王蟹	35.0[b]	-
青蟹	14.0[a]	-
虾皮	30～40	20～30
虾	17～40	-
阿拉斯加虾	28.0[d]	-
龙虾（肾）	69.8[c]	-
螯龙虾	60～75[c]	-
磷虾表皮	20～30	20～25
鱿鱼骨	20～40	微量
软体动物		
蛤蜊	6.1	-
蛤/牡蛎壳	3～6	85～90
狗爪螺	58.3[c]	-
真菌		
真菌细胞壁	10～25	微量

续表

来源	甲壳素百分含量/%	CaCO$_3$/%
黑曲霉	42.0[e]	-
青霉菌	18.5[e]	-
黄青霉	20.1[e]	-
酿酒酵母	2.9[e]	-
毛霉菌	44.5	-
黄乳杆菌	19.0	-
昆虫类		
昆虫表皮	2～25	微量
蟑螂（大蠊属）	2.0[d]	-
蟑螂（小蠊属）	18.4[c]	-
鞘翅目（瓢虫）	27～35[c]	-
昆虫（双翅目）	54.8[c]	-
蝴蝶	64.0[c]	-
蚕	44.2[c]	-
蜡虫	33.7[c]	-

注 a：与自身鲜重相比；b：与自身干重相比；c：基于有机物表皮的质量；d：与表皮的总质量相比；e：相对于细胞壁的干重。

在蟹、虾的表皮中，甲壳素与其他物质存在紧密结合的复合物，部分多肽可与少量的 C-2 氨基共价连接。图 1-1 是甲壳动物外骨骼的结构示意图：MM 为矿化基质，由酸性蛋白组成，对钙离子有很强的亲和力；CaCO$_3$ 是由碳酸钙晶体构成的基质，排列成一种夹层结构；类胡萝卜素油嵌入基质中，锚蛋白质从 MM 层伸出；CP 为载体蛋白层，是一种高分子量的甲壳蛋白复合物，这种蛋白质可与甲壳素共价结合。

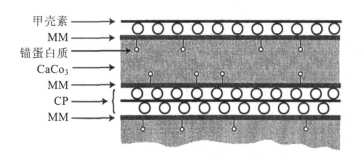

甲壳素 ⟶
MM ⟶
锚蛋白质 ⟶
CaCo₃ ⟶
MM ⟶
CP ⟶
MM ⟶

图 1-1 甲壳动物外骨骼的结构示意图

甲壳素由 β（1→4）连接的 2-乙酰氨基-2-脱氧-β-D-葡萄糖组成，它在结构上与纤维素类似，但 C-2 位置上具有乙酰胺基（—NHCOCH₃）。甲壳素有 3 种形式：α、β 和 γ 甲壳素。α 型甲壳素主要来源于蟹和虾。β 型甲壳素存在于鱿鱼圈，角毛类、无柄纤毛类的珊瑚虫、水母和硅藻的棘刺，并且 β 型甲壳素不如 α 型甲壳素常见。其他可能的甲壳素生产来源包括磷虾、蛤蜊、牡蛎、昆虫和真菌。

甲壳素的结构可类比于 C2 羟基被乙酰胺官能团取代后的纤维素，其化学结构如图 1-2 所示。其结构解释了甲壳素与纤维素类似的性质，如较低的溶解度和化学反应活性。甲壳素在水中是高度不溶的，也不能溶解于稀酸、碱或有机溶剂，如乙醇、酮类等。在强酸性条件下由于 1，4-糖苷键的水解，其分子量降低，因此可溶于浓盐酸、硫酸、磷酸（85%）和甲酸。

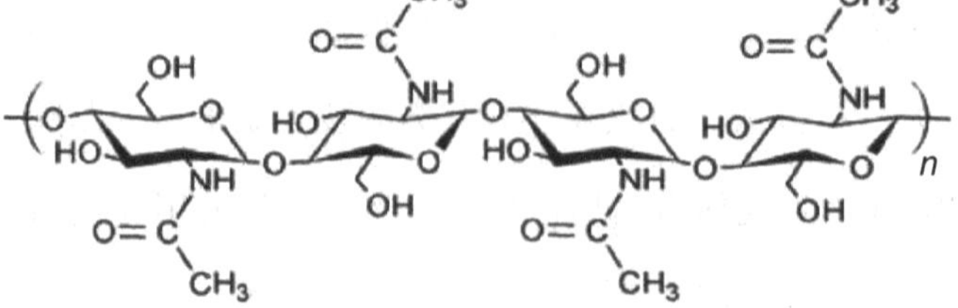

图 1-2 甲壳素化学结构

1.1.2 壳聚糖

壳聚糖的化学结构如图 1-3 所示。与甲壳素相比,壳聚糖在自然界中并不普遍存在,目前只在部分食用菌和白蚁王的腹壁中发现,它主要由部分甲壳素通过脱乙酰处理后人工获得。壳聚糖是许多食品生产的副产物,可生物降解。因其生物相容性、无毒和热稳定性,被认为是通用性很强的生物材料。

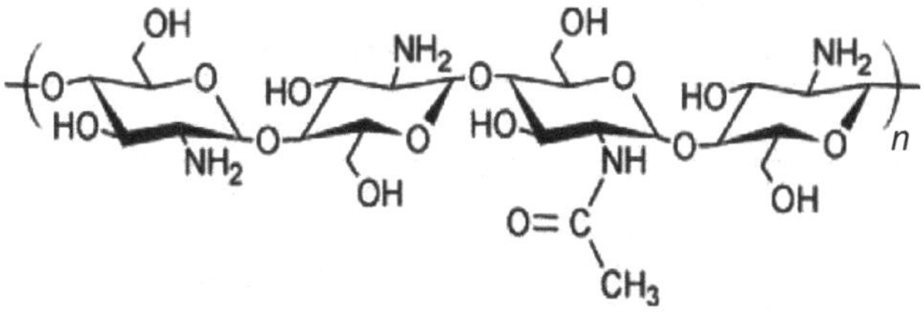

图 1-3　壳聚糖化学结构

壳聚糖(chitosan)是甲壳质脱 N-乙酰基的衍生物,它是由 N-乙酰胺基葡萄糖通过 β-1,4 糖苷键相连而成的线型天然生物高分子化合物,是自然资源十分丰富的线型聚合物,其化学名称是(1,4)-2-胺基-2-脱氧-β-D 葡聚糖。经研究证实壳聚糖具有复杂的双螺旋结构,螺距为 0.515nm,一个螺旋平面由 6 个糖残基组成。

壳聚糖的主要质量指标是黏度,目前国内外根据产品黏度不同将其分为三大类:

(1)高黏度壳聚糖:1%壳聚糖溶于 1%醋酸水溶液中,黏度大于 1000mPa·s。

(2)中等黏度壳聚糖:1%壳聚糖溶于 1%醋酸水溶液中,黏度为 100～200mPa·s。

(3)低黏度壳聚糖:2%壳聚糖溶于 2%醋酸水溶液中,黏度为 20～

50mPa·s。

不同黏度的产品有不同的用途。表 1-3 为壳聚糖的主要指标。

表 1-3　壳聚糖的主要指标

外观	白色或淡黄色半透明片状物或粉末
pH 值	7.0～8.0
水分	≤8 %
灰分	≤1 %
脱乙酰基	≥85%；90%；95%
黏度	≥60～800mPa·s
溶解度	≥90%
砷	<0.5mg/kg

从甲壳类动物壳中回收甲壳素的传统商业方法（图 1-4）包括在磨粉机中研磨壳，然后在室温下用盐酸将壳进行矿化，以除去金属盐，主要是从壳的其余成分当中洗去的 $CaCO_3$。

$$2HCl + CaCO_3 \rightarrow CaCl_2 + H_2O + CO_2 \uparrow \tag{1-1}$$

下一步，用 2%的 NaOH 溶液在 100℃ 左右水解 2～4h，除去蛋白质和油脂。在此过程中，蛋白质被消化为可溶性肽和氨基酸，油被水解成肥皂。将甲壳素在热水中洗涤数次以进行纯化。干燥后，可获得几乎无色至灰白色薄片或粉状物质，即 α-甲壳质。以虾干壳为例，产量为 30%～35%。

这种提取方法耗能高，且污染环境。据估计，每生产 1t 甲壳素，大约有 0.8t 二氧化碳释放到环境中，并且需要使用大量的无机酸和碱。此外，甲壳素脱乙酰化生产壳聚糖需要使用强碱处理。因此，需要考虑其他环保的提取方法替代此工艺。

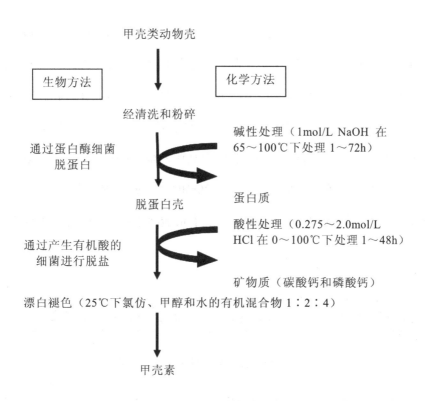

图 1-4　从甲壳类动物壳中回收甲壳素的传统商业方法

有研究表明可以用生物方法替代严苛的化学方法，即通过微生物的发酵过程来提取甲壳素。发酵被认为是最环保、安全、技术灵活、经济可行的替代方法之一。用乳酸菌发酵虾渣，可产生固体甲壳素和含有虾蛋白、矿物质、色素和营养物质的液体。生物废弃物的脱蛋白作用主要是通过乳酸杆菌产生的蛋白水解酶进行的。葡萄糖分解过程中产生的乳酸，创造了低 pH 值的条件，抑制与虾废物腐烂有关的微生物的生长。甲壳素和壳聚糖目前已在印度、波兰、日本、美国、挪威和澳大利亚商业化生产。

天然的动物甲壳中的甲壳素通常与蛋白质及难溶的碳酸盐紧密结合在一起，以虾、蟹壳为原料制备甲壳素的过程（图 1-5）并不复杂，基础的制备方法是：首先，在常温下用稀盐酸浸泡去除碳酸盐，而后用煮沸的稀碱去除蛋白质，然后使用有机溶剂或者氧化剂去除色素即可。此后，只需加入 40%～60% 的 NaOH 溶液，高温煮沸，使其发生脱乙酰化反应。数次重复，当甲壳素的脱乙酰度达到了一定程度，通常在 50%～100%之间，即把得到的产物称为壳聚糖。脱乙酰度在 55%～70%之间的称为低脱乙酰度壳聚糖；70%～85%的称为中脱乙酰度壳聚糖；85%～95%的称为高脱乙酰度壳聚糖；95%～100%的称为超高脱乙酰度壳聚糖。脱乙酰度为 100%的壳聚糖极难制得。由于壳聚糖分子中存在游离的氨基，因此，壳聚糖能溶于稀酸溶液中，也称为可溶性甲壳素，是自然界中唯一的碱性多糖。

图 1-5　以虾、蟹壳为原料制备甲壳素的过程

壳聚糖是天然高分子化合物，相对分子质量差异较大，从数十万至数百万不等，但都属于直链型的多糖化合物，这主要是因为使用原料不同、生成方法有区别。壳聚糖被氢质子化后失去形成氢键的能力，整个分子的柔性相对增加。因此相较于甲壳素，壳聚糖溶解性能较好，可溶解于稀盐酸等部分无机酸以及稀有机酸。并可由分子量相对较高的壳聚糖制备寡聚糖（聚合度低于 20 的壳聚糖），但不能溶于稀硫酸和稀磷酸。

此外，也可利用真菌菌丝生产壳聚糖，在乙酰化程度、分子量、黏度、电荷分布等方面都优于利用甲壳类动物生产壳聚糖。此类壳聚糖比甲壳类壳聚糖更稳定，并且不含镍、铜等重金属。真菌菌丝体产生的壳聚糖具有中低分子量，而甲壳类来源的壳聚糖分子量较高。具有中低分子量的壳聚糖被用作吸收胆固醇的粉末和许多医学技术应用中的线或膜。由于这些原因，人们对真菌壳聚糖的生产越来越感兴趣。

壳聚糖的质量指标可分为医药级、食品级、工业级，具体质量指标见表 1-4。

表 1-4 甲壳素和壳聚糖质量指标

项目\指标\品级	医药级	食品级	工业级
外观	白色半透明片状物或粉末	白色或淡黄色半透明片状物或粉末	白色或淡黄色半透明片状物或粉末
脱乙酰度/%*	≥90，95	≥85，90，95	≥70，80，85，90
pH 值	7～8	7～8	7～8
干燥失重/%	≤8	≤8	≤12
灼烧残渣/%	≤1	≤1	≤2
不溶物/%	≤1	≤1	≤2
重金属（以 Pb 计）	<15ppm	<15ppm	
砷（As）	<1ppm	<1ppm	
菌落总数/（cfu/g）	≤1000	≤1000	
黏度/（mPa·S）**		50～800	
粒度（60 目）	≥40，60，80，100		

壳聚糖天然高分子的多功能性、生物相容性和生物降解性是其他合成功能高分子无法比拟的。其天然来源虽号称仅次于纤维素，每年可达 100 亿 t，但实际易得的工业化来源仅为虾蟹等水产加工厂的副产品，全世界每年不过75000t 而已。

自 20 世纪 80 年代以来，在全世界范围内掀起开发甲壳素、壳聚糖的研究热潮后，世界各国都在加大甲壳素、壳聚糖的开发力度，日本更是走在各国的前列。1971 年，日本水产公司开始工业化生产，20 世纪 70 年代壳聚糖产量仅为 50t；20 世纪 90 年代达到 500～600t/y，主要从中国、韩国、东南亚和俄罗斯进口甲壳素原料。日本 1996 年销售额已突破 5000 亿日元，现在日本每年由甲壳素生产壳聚糖及衍生品的销售额在 80 亿美元以上，增长速度之快令人惊叹。

日本的甲壳素和壳聚糖有 70%用于生产食品和食品添加剂，20%用于生产各种药物及药品，5%用于生产絮凝剂，其他的主要用于生产化妆品和其他一些化学品（图 1-6）。如今在日本，随处都可以买到添加有壳聚糖的饼干、面条、牛奶以及甲壳质系列保健品。

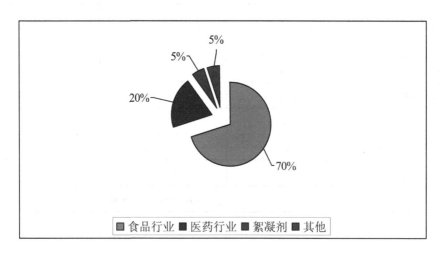

图 1-6　日本的甲壳素和壳聚糖消费比例图

1.2　甲壳素和壳聚糖的应用

甲壳素的相关产品特别是壳聚糖及其衍生物作为一种新型功能材料，现在开始在许多领域得到广泛应用（表 1-5）。据统计，在 2000 年消耗了 1000t 相关产品，主要应用领域包括纺织工业、食品工业、农业、环境保护行业、化妆品行业和生物医药行业等，如作为吸附剂、絮凝剂、分离膜、乳化剂等并应用于抗凝血、防癌抗癌、抗菌棉衣、降低胆固醇、人造皮肤等方面。壳聚糖具有良好的吸附性，在水处理方面有重要应用，可用作吸附剂、絮凝剂、杀菌剂、膜制剂、离子交换剂等，用于染料废水的脱色，饮用水的净化，重金属离子的回收，硬水软化，糖蜜及果汁的澄清，工业废水的处理，氨基酸、蛋白质的分离和回收等。

表 1-5　2000 年全球壳聚糖使用量统计　　　　　　　　　单位：t

应用领域	北美	欧洲	亚洲	其他	合计
营养品（膳食补充剂）	500	125	250	125	1000
絮凝（水处理）	125	25	200	50	400
食品（防腐）	0	0	125	25	150
低聚糖	0	0	150	0	150
农业	25	0	75	25	125
化妆品	25	25	50	0	100
纺织品（卫生）	0	0	50	0	50
造纸	35	0	50	10	95
医疗设备	1	1	1	0	3
总计	711	176	951	235	2073

　　壳聚糖在水处理方面的应用近年来在国外已逐渐普遍（表 1-6）。日本每年用于水处理的壳聚糖约有 500t，主要用于水处理及污泥处理；美国主要将壳聚糖用于给水及饮用水的净化。壳聚糖可作为给水及饮用水处理的絮凝剂。壳聚糖无毒、无臭、无味、无色，能生物降解，是良好的净水剂，对食用水，其优点更为突出，壳聚糖因天然、无毒、安全而被美国食品药品监督管理局（Food and Drug Administration，FDA）批准作为食品添加剂，美国环保局已批准将壳聚糖用于饮用水的净化。

表 1-6　甲壳素、壳聚糖及其衍生物的应用

应用领域	具体用途	参考文献
废水处理	去除废水中的铜、铬、镉、铅、镍、汞等金属离子、铁、银、锌、钴和砷	Camci-Unal and Pohl (2009)，Zhou *et al.* 2005；Baran *et al.* 2007；Schmuhl *et al.* 2001，González-Dávila *et al.* 1990；Evans *et al.* 2002，Benaissa and Benguella，2004；Paulino *et al.* 2006；Amuda *et al.* 2007，Trimukhe and Varma，2008，Kartal and Imamura，2005
	去除和结合染料	No *et al.* 1996；Longhinotti *et al.* 1998；Crini and Badot，2008；Akkaya *et al.* 2009
	去除和结合重金属	Einbu and Vårum，2008；Xu *et al.* 2008，No and Hur，1998；Bhatnagar and Sillanpää，2009；Camci-Unal and Pohl，2009
	污泥处理及脱水剂	Kurita 2006
	生物反硝化	Rabea *et al.* 2003，Robinson-Lora and Brennan，2009
餐饮	食物和营养	Mahmoud *et al.* 2007
	生物转化生产增值食品	Shahidi *et al.* 1999
	保存食物	Rabea *et al.* 2003
	食品包装膜	Shahidi *et al.* 1999；Chatterjee *et al.* 2004
	果汁的过滤和澄清	Chatterjee *et al.* 2004
	降血脂和降胆固醇药	Kanauchi *et al.* 1994；Chen *et al.* 2005
	抗氧化剂	Yen *et al.* 2009
	酚类化合物的吸附	Spagna *et al.* 1996
	细胞壳聚糖水凝胶固定化和水产养殖	Kurita，2006
	铁提取物	Kurita，2006

应用领域	具体用途	参考文献
生物医学	用于人类和动物的烧伤和伤口敷料	Goodrich and Winter，2007；Wainwright *et al.* 2000
	抗肿瘤活性	Koide，1998
	药物输送，基因输送	Nagahama *et al.* 2008a；Özbas-Turan *et al.* 2003；Suresh and Chandrasekaran，1998
	人造皮肤，药房	Franca *et al.* 2008
	增强哺乳动物和植物抗病毒特性和免疫能力	Otterlei *et al.* 1994；Gogev *et al.* 2003；Cuesta *et al.* 2003
	眼科药物递送载体	Morfin *et al.* 2002
	神经再生的导管	Muzzarelli，2005
	治疗肿瘤的药物（5-氟尿嘧啶的甲壳素和壳聚糖结合物）	Felse and Panda，1999；Dhanikula and Panchagnula，2004
	应用壳聚糖与钙、钡、锶等阳离子形成凝胶的能力进行捕获	Han *et al.* 2008
	营养价值强效抗氧化剂和基质金属蛋白酶抑制剂	Kong *et al.* 2010
	磷灰石-甲壳素-壳聚糖复合骨填充材料	Noishiki *et al.* 2003
	杀精剂	Felse and Panda，1999
农业	植物生长促进剂	Ait Barka *et al.* 2004
	促进甲壳素酶和葡聚糖酶的产生	Ait Barka *et al.* 2004
	利用甲壳素酶的活性进行堆肥	Poulsen *et al.* 2008
	抗菌剂和生物农药	Wang *et al.* 2005；San-Lang *et al.* 2002
	提高植物细胞活力	Bell *et al.* 1998；Hallmann *et al.* 1999
	肥料和生物防治剂	Wang *et al.* 2005；Vivekananthan *et al.* 2004
	促进植物生长	Bharathi *et al.* 2004；Ge *et al.* 2010；Yu *et al.* 2008

续表

应用领域	具体用途	参考文献
纺织品和纸张	纺织纤维	Pacheco *et al.* 2009
	造纸及添加剂	Felse and Panda，1999
生物技术	选择性吸附的甲壳素亲和层析	Felse and Panda，1999；Kao *et al.* 2004
	分离麦胚凝集素	Felse and Panda，1999
	酶和全细胞固定化剂	Rinaudo，2006；No *et al.* 1996；Krajewska，2004
	N-乙酰几丁二糖的生产	Yu *et al.* 2008
	甲壳素酶和甲壳素酶的生产	Wang *et al.* 2008a；Wang *et al.* 2008b；Kim *et al.* 2003；Schrempf，2001
	微生物固定化对原油污染海水的生物修复	Gentili *et al.* 2006
	生物传感器	Rinaudo，2006
	生物分离	No *et al.* 1996；Longhinotti *et al.* 1998
化妆品	头发和皮肤护理成分（保湿剂）	Felse and Panda，1999

2013 年相关统计结果显示，壳聚糖在食品工业中也有广泛应用，都与其功能特性以及营养和生理活动有关。用甲壳素和壳聚糖制作的食用膜和涂料可延长产品保质期，并且提高新鲜、冷冻和加工食品的产品质量。壳聚糖的层/膜可以提供补给，有时是控制生理以及食品中的理化变化必不可少的材料。

从 20 世纪 90 年代开始，中国对甲壳质的研究开始活跃起来，前期主要借鉴日本、美国及欧洲的成果和技术，进行甲壳质及其有关衍生物的开发，后期则进入应用方面的研究。如甲壳质及壳聚糖薄膜和纤维的制取，可降解复合材料的制造，农业植保方面的应用，用于果蔬保鲜、水质净化及污水处理、保健食品的制造和应用等。以上均取得了满意的效果并正在逐步推广。

目前中国的甲壳质产品已由单一品种（工业用壳聚糖）向多品种发展，已工业化生产的产品主要有两大类近 20 种。一类是甲壳质的水解产物及其延伸产品，如氨糖系列产品，主产品有氨基葡萄糖盐酸盐、氨基葡萄糖硫酸盐、N-乙酰-D-氨基葡萄糖等。另一类是壳聚糖系列产品，如工业用及医药食品用壳聚糖、低分子壳寡糖、高密度壳聚糖、水溶性壳聚糖等。以上这些产品均作为某些最终产品的原料或中间体，主要应用于医药保健、功能食品、化工、污水净化、农业植保、卷烟、化妆品等行业。除此之外，近几年我国也开发了一些科技含量较高的产品，如壳聚糖纤维、壳聚糖医用敷料、人体神经导管、可降解的壳聚糖薄膜及包装材料、可降解餐盒、微结晶甲壳质、微结晶壳聚糖等。

随着对甲壳质应用的研究和推广，中国的甲壳质工业已开始向深层次发展。如农业方面的一涂二喷技术，即将壳聚糖溶液用于小麦种子的浸种包衣及生长过程中的喷施，的确能大幅度提高小麦的产量，此技术已在中国西部的小麦产区大面积推广。

以壳寡糖为主要载体的生物农药已开始在中国的广西大批量生产。壳聚糖作为絮凝剂用于有机废水的净化处理已应用于发酵、酿造、制药、食品等工业，高纯度壳聚糖则作为降血压、降血脂、减肥、治疗糖尿病等的功能性保健食品的主要原料而得到推广应用。壳聚糖作为可生物降解材料已开始应用于食品包装、可降解薄膜的制造。以上这些都有力推动了中国甲壳质工业的发展。

甲壳素和壳聚糖无毒，可以在人体中生物降解，具有生物相容性，并具有免疫、抗菌、促进伤口愈合、止血和传送药物的作用。甲壳素不仅应用在薄膜、凝胶或粉末的制作中，也用作药物载体。

第 2 章　壳聚糖的性质与化学改性

2.1　壳聚糖的物理化学性质

壳聚糖是白色无定型、半透明、略有珍珠光泽的固体，相对分子质量从数十万至数百万不等；不溶于水和碱溶液以及有机溶剂，可溶于稀盐酸、硝酸等无机酸和大多数有机酸。在稀酸中，壳聚糖的主链也会缓慢水解，溶液的黏度逐渐降低。通常把 1% 的壳聚糖乙酸溶液的黏度在 $1000 \times 10^{-3} Pa \cdot s$ 以上的定义为高黏度壳聚糖，$(1000 \sim 100) \times 10^{-3} Pa \cdot s$ 的定义为中黏度壳聚糖，$100 \times 10^{-3} Pa \cdot s$ 以下的定义为低黏度壳聚糖。壳聚糖有很好的吸附性、成膜性和通透性、成纤性、吸湿性和保湿性，是一种功能性高分子化合物。

2.1.1　壳聚糖的化学性质

由于壳聚糖的结构中含有大量羟基、羟甲基、氨基，还有一些 N-乙酰氨基，它们会形成各种分子内和分子间的氢键，这些分子间力会使其水溶性减弱，分子量越大水溶性越差。一方面当 pH 值过低时，氨基（-NH$_2$）被大量质子化成 -NH$_3^+$，从而削弱了氨基（-NH$_2$）的螯合作用，使吸附量降低；另一方面被处理溶液 pH 值过低或处理后进行金属离子的酸性解吸附时，往往会因分子中的 -NH$_2$ 被质子化（-NH$_3^+$）而溶于水造成吸附剂的流失。壳聚糖只溶于酸性水溶液,在中性或碱性溶液中的应用受到限制,因此国内外对壳聚糖分子的化学修饰进行了广泛探讨,通过引入各种功能基团,提高溶解性能,从而强化其功能,扩大其应用范围。壳聚糖衍生物的制备通过壳聚糖酰化、羧基化、羟基化、卤化、羧甲基化等反应进行,其中羧甲基壳聚糖是一种水溶性、两性聚电解质的壳聚糖衍生物,也是近年来研究较多的壳聚糖衍生物之一。由于羧基的引入,络合金属离子的能力及反应速度大大提高,这在医药、化工、环保等领域有着广泛的应用前景。

2.1.2　壳聚糖溶液的稳定性

壳聚糖的糖苷键是半缩醛结构,半缩醛结构的糖苷键对酸不稳定,易发生糖苷键的断裂,生成分子质量大小不等的片段,因此壳聚糖的酸性溶液在放置过程中会发生酸催化的水解,壳聚糖的主链不断降解而生成低聚糖。酸性越强水解越快,生成的分子越小。壳聚糖溶液在存放过程中黏度的变化可以用作衡量壳聚糖溶液稳定性的一个指标,黏度的变化与酸的种类、酸的浓度、放置时间、pH 值、温度等影响稳定性的因素有关。pH 值不同,溶液有不同的黏度。壳聚糖溶液的不稳定性要求现用现配,所以要保持壳聚糖分子的稳定性,保持其絮凝性能,尽量让其处于较低的酸度和温度下。

2.2　壳聚糖性能参数的测量方法

2.2.1　脱乙酰度

壳聚糖的脱乙酰度(Degree of Deacetylation,D.D.)指的是壳聚糖分子中脱除乙酰基的糖残基数占壳聚糖分子总的糖残基数的百分数,也就是壳聚糖分子链上自由氨基的含量,是一项极为重要的技术指标。壳聚糖脱乙酰度的高低直接关系到它在稀酸中的溶解能力、黏度、离子交换能力、絮凝性能和与氨基有关的化学反应能力,以及许多方面的应用。脱乙酰度的测定方法很多,如酸碱滴定法、电位滴定法、气相色谱法、元素分析法、红外光谱法。酸碱滴定法是最简单的一种测定壳聚糖中自由氨基含量的方法,不需要用特殊的仪器,但由于在滴定过程中易形成壳聚糖的胶体溶液,因此极易造成滴定误差。有学者通过大量实验得到了一套用酸碱滴定测量壳聚糖脱乙酰度的方法,测得的误差较小。

测量方法如下:

(1)试剂准备:盐酸(分析纯),0.1mol/L 标准溶液,吸取 5mL 盐酸(分析纯)于 500mL 容量瓶;氢氧化钠(分析纯),0.1mol/L 标准溶液;甲基橙,0.1%水溶液;苯胺蓝,0.1%水溶液;甲基橙-苯胺蓝以 1:2(V/V)混合配置使用。

(2)水分的测定。精确称取 1~2g 壳聚糖样品,在 105℃下烘干 4h 至恒重,失重即得水分:

$$W_{水分} = \frac{W_1 - W_2}{W_1 - W_0} \times 100\% \qquad (2\text{-}1)$$

式中:$W_{水分}$ 为样品中水分含量;W_1 为 105℃下烘干前样品及称样皿质量,g;W_2 为 105℃下烘干后样品及称样皿质量,g;W_0 为已恒重的称样皿质量,g。

(3)脱乙酰度的测定步骤。准确称取壳聚糖样品 0.3~0.5g,置于 250mL 三角瓶中,加入 0.1mol/L 标准盐酸溶液 30mL,在 20~25℃搅拌至溶解完全(可加适量蒸馏水),加入 5~6 滴指示剂,用标准 0.1mol/L 氢氧化钠溶液滴定游离的盐酸至变成浅蓝绿色,样品要平行测 3 个。

（4）结果计算

$$W_{NH_2} = \frac{(c_1V_1 - c_2V_2) \times 0.016}{G(100 - W_{水分})} \times 100\% \qquad （2-2）$$

式中：W_{NH_2} 为样品中氨基含量；c_1 为盐酸标准溶液的浓度，mol/L；c_2 为氢氧化钠标准溶液的浓度，mol/L；V_1 为加入的盐酸标准溶液的体积，mL；V_2 为滴定好用的氢氧化钠标准溶液的体积，mL；G 为样品的质量，g；$W_{水分}$ 为样品中水分含量；0.016 为与 1mL 1mol/L 盐酸溶液相当的氨基量，g。

$$脱乙酰度（D.D.）= \frac{W_{NH_2}}{9.94\%} \times 100\% \qquad （2-3）$$

（5）实验总结：

第一，测壳聚糖脱乙酰度时试样必须完全溶解，否则影响测定结果。壳聚糖的溶解比较慢，即使脱乙酰度大于 90%的壳聚糖在稀酸中也不能很快溶解，存在逐渐溶解的过程。开始看不到壳聚糖溶解，主要是因为氨基结合氢质子，当阳离子聚电解质达到一定的数量时，才有少量壳聚糖溶解。最先溶解的是脱乙酰度高而分子量低的壳聚糖，最后是分子量高而脱乙酰度低的壳聚糖，不同脱乙酰度的壳聚糖溶解性不一样，脱乙酰度越高，溶解越快。经测定得出：在室温的条件下，脱乙酰度大于 90%，溶解时间不超过 2h，脱乙酰度小于 80%，溶解至少需要 12h。

第二，为了促进样品溶解，一般采取加热和搅拌的方式，切忌高温加热和剧烈搅拌，否则会造成壳聚糖链降解，最高温度不要超过 30℃。搅拌有许多方式，有手工搅拌、磁力搅拌等，这些搅拌方式易引起滴定误差，因为壳聚糖相对来说黏性比较大，易往搅拌棒上沾。经过多次实验，一种测试误差小的搅拌方式被摸索出来，即改用多功能振荡器对其搅拌，这样可减少其接触面积，减小滴定误差。

第三，一般的酸碱滴定开始速度较快，达到滴定终点时速度减慢，但在测定壳聚糖脱乙酰度时滴定速度始终要慢，要留有足够的反应时间，以减少误差。

第四，分子量高的壳聚糖同分子量低的壳聚糖相比样品量要少，壳聚糖相对分子质量越高，其溶液的黏度越大，相对分子质量越低，黏度越小。试验表明：低黏度样品在滴定过程中呈澄清状态，测定误差偏小，分子量高的壳聚糖黏度大，在滴定中变色较慢，而且易发生凝集现象，造成误差偏大，样品量最好控制在 0.3g 左右。产生凝集的原因是：质子化的壳聚糖在酸度较小时，有脱质子形成中性的胶体凝集体的趋势，而脱出的质子被碱滴定，因而造成测定结果偏低。

2.2.2　黏均分子量

壳聚糖的黏度与其相对分子质量有着直接的关系，黏度反映了高分子物相对分子质量大小。在其他因素固定不变的情况下，壳聚糖相对分子质量越高，其溶液的黏度越大，相对分子质量越低，黏度越小，因此黏度法测定壳聚糖相对分子量就是利用这一原理。不同相对分子质量的壳聚糖，其物理机械性能也不一样，用途也不同。因此黏度是一项重要的质量指标，常用乌氏黏度计来测定壳聚糖的黏度和黏均摩尔质量。其原理是在一定温度和溶剂条件下，特性黏度$[\eta]$和高聚物摩尔质量 M 之间的关系通常用带有两个参数的 Mark-Houwink 经验方程式来表示：$[\eta] = KM_v^{\alpha}$。

测量方法：

（1）壳聚糖溶液的配制：用天平准确称取一定量的壳聚糖（使测定时最浓溶液和最稀溶液与溶剂的相对黏度在 1.1～2.2）放入小烧杯中，加入适量溶剂搅拌，溶解后，于溶量瓶中定容，用玻璃砂芯漏斗过滤备用。壳聚糖的糖苷键是半缩醛结构的糖苷键，对酸不稳定，壳聚糖在酸性溶液中放置时间较长，会发生酸催化的水解反应，壳聚糖分子的主链不断降解，黏度越来越低，相对分子量就会随着放置时间的延长而逐渐降低，因此在测壳聚糖黏度时要现用现配，否则会出现测量黏度偏低的现象。

（2）将 10mL 壳聚糖滤液沿黏度计的宽管内壁流入储器中，达到装液标线；将黏度计垂直固定于 25℃恒温水浴中，水沿的液面应高于黏度计的缓冲球；开动搅拌器，放置 15min；将主管和侧管各接一乳胶管，夹住侧管的胶管，自主管管口抽气，使供试液液面缓缓上升至缓冲球的中部，先放开主管口，再放开侧管口，使供试液在管内自由下落，用秒表准确记录液面自上标线下降到下标线处的流出时间。重复测定两次，两次相差不得超过 0.1s。取两次平均值为供试液的流出时间（T）。

取经 C3 漏斗过滤的溶剂同样操作，记录其流出时间（T_0）。

按式（2-4）计算特性黏度。

$$[\eta] = \ln \eta_r / C \qquad (2-4)$$

式中：$[\eta]$为特性黏度；$\eta_r = T/T_0$ 为相对黏度；C 为溶液的浓度（g/mL）。

（3）分子量的计算。

求出$[\eta]$后即可根据 Mark-Houwink 式［式（2-5）］计算黏均分子。

$$[\eta] = K M_v^{\alpha} \qquad (2-5)$$

式中：M_v 为黏均摩尔质量；K 为比例常数；α 是与分子形状有关的经验参数。K 和 α 的值与温度、聚合物、溶剂性质有关，也和分子量大小有关。K 值受温度的影响较明显，而 α 主要取决于高分子线团在某温度下，某溶剂中舒展的程度，其数值介于 0.5～1 之间。如，α 取 0.93，K 取 1.81×10^{-3}。

2.3　壳聚糖的化学改性

壳聚糖分子中含有大量的羟基和 p*Ka* 值很低的氨基，具有很强的化学反应性，可进行如下衍生化反应：酰基化、烷基化、酯化、羧甲基化、磺化、羟乙基化、季铵化等。还可进行各种交联反应、接枝聚合反应、重氮化反应等。基本反应如图 2-1 所示。

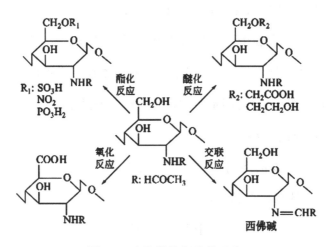

图 2-1　壳聚糖的衍生化反应

2.3.1　酰化反应

壳聚糖可与不同的脂肪族或芳香族的酸酐或酰氯反应,得到酰化的衍生物（图 2-2）,酰氯比酸酐更容易发生反应。壳聚糖分子中同时含有氨基和羟基,氨基更容易参与酰化反应,生成 N-酰化衍生物。因此,生成酰胺类衍生物是酰化反应研究较多的一种反应。但是由于氨基有其特殊的功能,有时需要保留氨基,使酰化反应只在羟基上进行,生成 O-酰化衍生物。因此,就需要先保护氨基，等酰化反应结束后再脱掉保护基，这样即可得到酯类酰化衍生物。壳聚糖酰化衍生物有许多重要的性质和用途，在医药领域有广泛的应用。

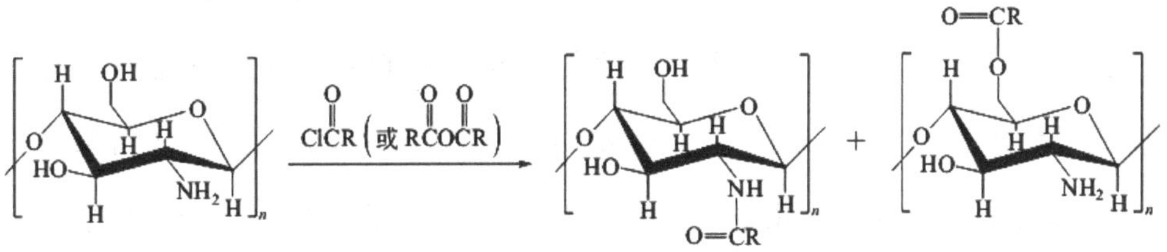

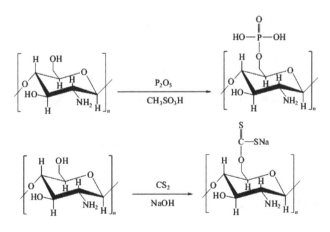

图 2-2　壳聚糖的酰化反应

2.3.2　酯化反应

壳聚糖分子中的羟基可以和许多无机酸、有机酸以及酸的衍生物（如硫酸、黄原酸、磷酸、硝酸、苯甲酸、脂肪酸以及乙酸等）发生酯化反应（图 2-3）。

图 2-3　壳聚糖的酯化反应

2.3.3　醚化反应

壳聚糖分子中含有大量的羟基，其可与烃基化试剂反应生成醚（图 2-4），如甲基醚、羟甲基醚、苄基醚等。壳聚糖分子中氨基的活性大于羟基的活性，因此，在进行醚化反应之前需要对氨基进行保护，反应完成之后再脱掉保护基，从而得到醚化衍生物。壳聚糖与氯乙酸反应后得到羧甲基化的壳聚糖，羧甲基化的壳聚糖可溶于水溶液，而且具有良好吸湿性和保湿性，在化妆品行业有广泛的应用；壳聚糖与环氧氯丙烷反应得到的产物仍有很高的活性，还可以与一些高含氮、氧和硫的化合物进一步反应，得到的最终衍生物对重金属离子有很高的吸附量，可以吸附和回收重金属离子。壳聚糖醚化衍生物在其他行业也有广泛的应用，如造纸工业、日用化学行业、烟草行业、医药行业等。

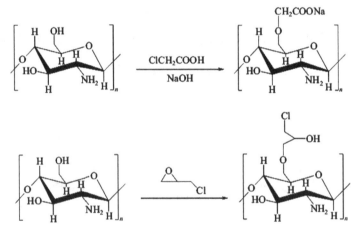

图 2-4 壳聚糖的醚化反应

2.3.4 N-烷基化反应

壳聚糖分子中的氨基活性大于羟基，与烷基化试剂反应的时候首先在氨基上进行，得到 N-烷基化衍生物（图 2-5）。壳聚糖分子中的氨基上有孤对电子，可进攻环氧衍生物分子中显正电的碳，发生亲核加成反应，生成 N-烷基化衍生物，如壳聚糖与环氧丙醇反应制备的 N-烷基化衍生物能溶于水。壳聚糖还可以与卤代烃发生反应，所用卤代烃碳链长度不同可得到不同的衍生物。由于烷基的引入，壳聚糖分子内和分子间的氢键被破坏，因此，得到的烷基化衍生物溶解性大大增加。但是，如果烷基的链太长，溶解度也会减小，链长达到一定程度得到的衍生物甚至不溶于酸。

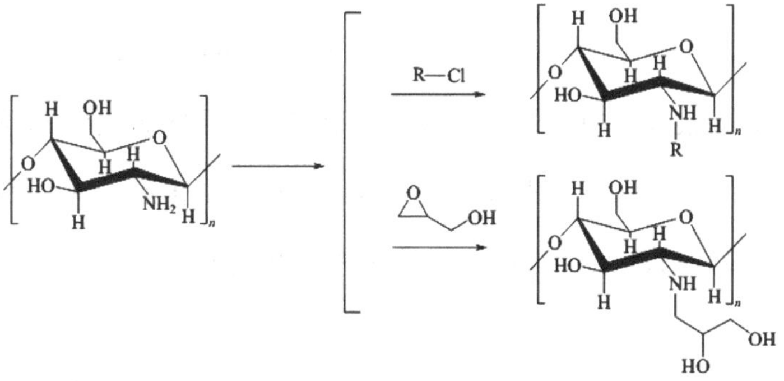

图 2-5 壳聚糖的烷基化反应

2.3.5 席夫碱反应

壳聚糖分子上的氨基很容易和醛酮发生席夫碱反应（图 2-6），在壳聚糖改性过程中，这是一个很重要的反应。因为氨基的活性比较强，当反应需要在羟基上进行时，就需要把氨基先保护起来，等反应结束后，再通过化学方法将其去掉。再者，特殊的醛酮与壳聚糖反应得到的席夫碱经硼氢化钠还原后，得到的衍生物有特殊的性质，用途广泛。

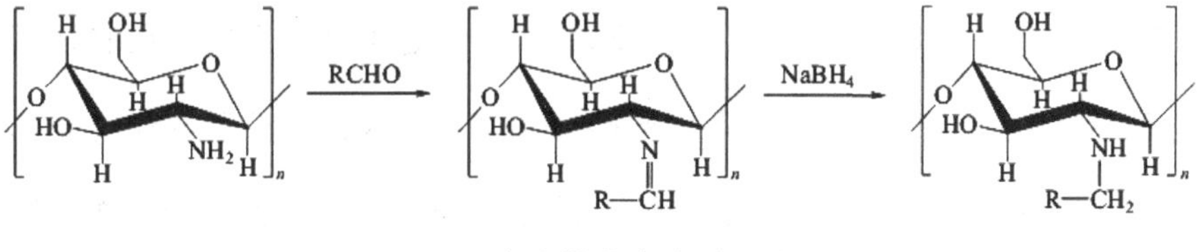

图 2-6 壳聚糖的席夫碱反应

2.3.6　季铵化反应

壳聚糖季铵化改性之后不仅可以改善其水溶性，而且还具有抗菌、絮凝和保湿的性能。有两种方法可以制备季铵化的壳聚糖：一种是直接使壳聚糖分子中的氨基反应生成季铵盐；另一种方法是把其他的季铵盐化合物接枝到壳聚糖分子上（图 2-7）。这两种方法制得的衍生物都有很好的水溶性。缩水甘油三甲基氯化铵修饰改性后的壳聚糖水溶性和稳定性明显增加，抗菌、絮凝及保湿性能也明显改善。例如以缩水甘油三甲基氯化铵为醚化剂，制备 O-季铵化衍生物，产物有很好的转化率和水溶性，而且对油田污水有良好的絮凝净化作用。

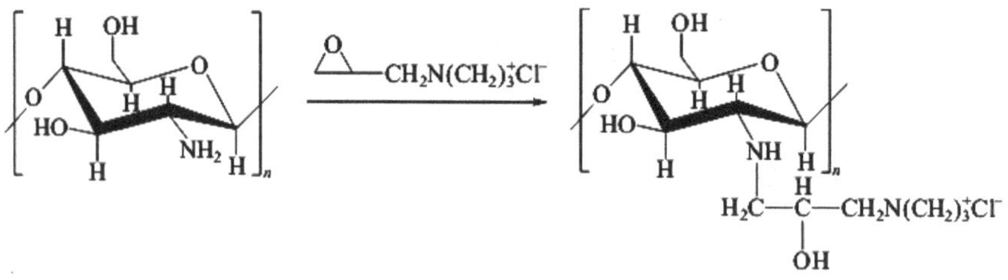

图 2-7　壳聚糖的季铵化反应

2.3.7　交联壳聚糖及其衍生物

壳聚糖本身也有一些缺点，如在酸性条件下能够溶解，而且在酸性或碱性溶液中会缓慢降解，这在很大程度上限制了壳聚糖在废水处理领域的应用。将壳聚糖进行交联之后，其溶解性大大降低。高度交联的壳聚糖在强酸强碱溶液中几乎不降解，这样就拓宽了壳聚糖的应用范围。因此，对壳聚糖交联化改性是壳聚糖研究较为重要的一方面。较为常见的壳聚糖交联剂有戊二醛、环氧氯丙烷以及冠醚等。有许多学者对此进行了研究，国内研究人员用二苯并-18-冠-6 作为交联剂对壳聚糖进行了交联，而且在交联的过程中又嵌入了一定量的冠醚，得到了同时具有交联壳聚糖和冠醚双重结构与性质的壳聚糖衍生物。这种新型的壳聚糖衍生物对吸附回收废水中的 Pb^{2+} 和 Cd^{2+} 有重要的作用；还有学者用环氧氯丙烷对壳聚糖进行了交联实验研究，用制备的交联壳聚糖对 Mo^{6+} 和 Bi^{3+} 进行了吸附实验，结果表明交联壳聚糖的吸附率高达 98.0% 和 100%；Graciela R 利用席夫碱反应，在酸性条件下，将壳聚糖与戊二醛交联得到片状交联产物，其对铬离子的吸附容量达到 215mg/g，去除率达到 99%。国外研究人员利用壳聚糖、丙烯酰胺和富里酸进行接枝共聚，合成新型絮凝剂并对染料废水进行絮凝实验。研究发现，开始时两性共聚物中和染料的净电荷，引起染料的快速去除，在获得最佳剂量后由于带电粒子之间的静电斥力而发生悬浮液的再稳定。而在污染物浓度高的情况下，接枝的丙烯酰胺长链产生的架桥絮凝起关键作用。

第 3 章　壳聚糖在水处理上的应用研究

3.1　壳聚糖基水处理剂

3.1.1　絮凝剂

传统无机絮凝剂多为铝系或铁系化合物，虽然价格便宜，但在实际应用中存在受 pH 值变化影响大、生成的絮体易碎、处理后水中金属离子含量过高等问题。有机高分子絮凝剂在一定程度上克服了无机絮凝剂的缺点，但其本身或残余单体通常有毒，导致其应用领域有限。絮凝剂发展的总趋势是廉价实用、无毒高效。壳聚糖是一种典型的阳离子絮凝剂，因其独特的分子结构，对许多类型的染料、有机物具有极高的亲和力，既可凝聚废水中的有机物、染料，又不产生二次污染，是一种性能优良、无毒、可生物降解的水处理材料，因而具有广阔的应用前景。近年来,有关天然型高分子化合物改性的研究已成为热点，尤其是淀粉类改性产物、木质素类改性产物、壳聚糖类改性产物等用于絮凝领域的研究备受青睐。该类絮凝剂因天然高分子无毒性、价格低廉等优势和其改性后增强的絮凝性能,逐渐成为目前国内外水污染控制领域最有应用前景的絮凝剂。

天然型高分子絮凝剂的合成通常是指通过化学手段将壳聚糖、纤维素、淀粉等天然高分子化合物进行改性,使其分子链长度和活性基团增加的过程。天然高分子化合物虽然具有原料来源广、可生物降解、成本低和无二次污染等优点,但其较低的分子量和较少的有效絮凝位点限制了其在水处理中直接作为单一絮凝剂使用。通过醚化、接枝/接枝共聚、酯化、交联等化学改性,天然高分子化合物可有效地克服自身结构性质的局限性,使絮凝性能和溶解性能得到大幅度改善。

1. 壳聚糖絮凝机理

壳聚糖是甲壳素经脱乙酰基得到的一种天然阳离子多糖。壳聚糖分子中带有游离氨基,在酸性溶液中易成盐,呈阳离子性质。壳聚糖具有天然、无毒、可生物降解等特性,其制备原料甲壳素在自然界广泛存在。壳聚糖及其衍生物作为环境友好型材料可用作絮凝剂、吸附剂、螯合剂、阻垢剂和污泥调理剂等,特别是作为絮凝剂在水处理方面得到了广泛应用。本节主要对电性中和作用、吸附架桥作用和基团反应作用作简要介绍。

(1)电性中和作用。在稀酸溶液的作用下,壳聚糖分子上的氨基质子化为 NH_4^+,使壳聚糖表面带正电,当靠近水中带负电荷的胶体微粒时,会中和其表面部分电荷从而降低其 Zeta 电位,同时压缩胶体微粒扩散层,使胶体微粒凝聚脱稳进而沉降。有学者测试了壳聚糖对高浓度膨润土悬浮液的絮凝效果,发现壳聚糖的有效浓度远低于完全中和膨润土微粒表面负电荷所需浓度,由此认为该絮凝过程中电中和所占的比重较小。

(2)吸附架桥作用。壳聚糖在絮凝过程中还通过吸附架桥起作用。当高分子链的一端吸附了某一胶粒后,另一端吸附另一胶粒,形成"胶粒-高分子-胶粒"的絮凝体,使颗粒黏结成网状结构。壳聚糖为阳离子型聚合物,具有电性中和与吸附架桥双重作用。一般认为,吸附架桥在壳聚糖絮凝中起主要作用。

这种絮凝需要絮凝剂的浓度在一定范围内才能发生,投加量过少会使胶粒通过架桥连接,投加量过多又会产生胶体保护作用。壳聚糖架桥的能力与壳聚糖的黏度相关,而相对分子质量对黏度的影响较大。有国外学者研究了不同相对分子质量的壳聚糖对阴离子染料 RB5 的絮凝效果,发现随着壳聚糖相对分子质量的增大脱色效率不增反降。该絮凝过程中架桥作用并不是主要的,而是电中和作用占主导。通常架桥作用随着相对分子质量的增大而提高,但此处的架桥作用却不够补偿可用氨基的减少。

（3）基团反应作用。絮凝剂分子中的某些活性基团与污染物中相应的基团发生反应凝聚进而沉淀下来,分子中的氨基、羟基还可与金属离子形成稳定的螯合物。壳聚糖上的氨基和羟基与 Pb、Cr、Cu 等重金属离子形成稳定的五环状螯合物,使直链的壳聚糖成为交联的高聚物。此外,汞离子也可与壳聚糖上的氨基和羟基螯合,形成稳定的内络盐。

2. 壳聚糖絮凝效果的影响因素

（1）pH 值。pH 值主要通过影响壳聚糖表面的电荷来影响絮凝效果,处理不同性质的污染物时需特别注意 pH 值的控制。在研究壳聚糖对 3 种染料废水的脱色性能时发现:脱色效果受 pH 值的影响较大,当 pH 值为 8.4 即碱性时 3 种染料废水均有较好的脱色效果;而 pH 值在酸性或中性范围内时脱色效果均不佳。这是因为:在碱性条件下,壳聚糖分子链上的阳离子活性基团可中和废水中胶体微粒表面的电荷;而在酸性条件下,由于胶体及悬浮微粒表面带正电荷,电中和作用减弱,导致脱色效果变差。还有研究者采用壳聚糖对合成活性染料废水进行脱色,当溶液初始 pH 值为 2.0～5.0 时脱色率可达 99%。在酸性条件下,壳聚糖中的氨基质子化,同时染料发生溶解且其磺酸基离解为阴离子,两种离子发生电中和而使溶液脱色。

（2）絮凝温度。在一定范围内提高温度，胶体微粒的布朗运动速度加快，碰撞频率增加，此时电中和与吸附架桥作用均比较充分，絮凝效果好；但温度过高时，形成的絮凝体细小且含水量高，影响絮凝效果。有研究者用壳聚糖处理刚果红染料水溶液，在 27～77℃之间设置了 6 个温度梯度，发现当温度在 27～67℃范围内逐渐升高时脱色率也逐渐增大，且在 67℃达到最大值。而针对低温对絮凝动力学及絮体表面形态的影响，发现低温会减缓絮凝过程，减缓作用主要体现在聚集速率的下降上。罗世江用壳聚糖絮凝剂澄清药液和分离中药成分，发现温度宜控制在 40～50℃。

（3）搅拌转速及时间。絮凝过程中的搅拌转速及时间对絮凝效果也有影响。适当的搅拌时间能使絮凝剂和胶体颗粒充分接触混合。如搅拌时间过短，搅拌不充分，会形成一部分饱和带絮微粒，与另一部分无絮微粒分布不均，絮凝分离效果不好。如搅拌时间过长，可能会破坏已形成的絮体，也不利于絮凝沉淀。

有学者在研究壳聚糖与单宁复合絮凝剂对中药水提液除杂的实验中，调节搅拌转速在 10～60 r/min 范围内，发现 60 r/min 时效果最好，随搅拌速度的加快，壳聚糖与胶体颗粒的接触概率增加，电中和作用和吸附架桥作用比较充分。搅拌转速较慢时絮凝剂与胶体颗粒接触不够充分，而转速过快时絮凝剂的长链结构易断裂，絮凝效果反而变差。

（4）壳聚糖投加量。在一定条件下，对任何絮凝剂来说都有最佳投加量：絮凝剂投加量过少时，无法中和体系中胶体颗粒所带的负电荷；投加量过多时，絮凝剂会迅速包卷絮体，使胶体重新稳定，且絮体的体积变大会导致在搅拌作用下被打碎。

有研究者研究了壳聚糖对染料刚果红溶液的脱色效果，在 5～35mg/L 间设置了 7 个投加量梯度，发现脱色率随着壳聚糖投加量的增加而先升高后降低，25mg/L 为最佳投加量。脱色率降低是因为絮体的再悬浮，且壳聚糖浓度过高会使胶粒表面带正电荷而重新分散。丁仕强采用壳聚糖絮凝剂处理印染废水，发现 4mg/L 为壳聚糖的最佳投加量，过多地投加絮凝剂除了会使胶体重新稳定外，还会使水中有机物含量增加，从而增大 COD 值。

（5）壳聚糖脱乙酰度及相对分子质量。壳聚糖的物理化学性质主要与其脱乙酰度及相对分子质量相关。壳聚糖脱乙酰度越高，分子中自由氨基越多，越易与溶液中其他分子产生静电相互作用。选择相对分子质量相近、不同脱乙酰度的壳聚糖絮凝处理实际水样，实验结果表明：壳聚糖脱乙酰度在 78% ～ 85% 之间增加时，浊度去除率逐渐提高；在投加脱乙酰度为 85% 的壳聚糖絮凝剂时，浊度去除率达 84.5% ；壳聚糖脱乙酰度继续增加时，浊度去除率提升缓慢。

一般情况下，壳聚糖的相对分子质量越大，则黏度越大，吸附架桥效率越高，絮凝效率也就越高。用相对分子质量为 1.05×10^6 和 5.43×10^4 的壳聚糖处理生活污水，发现两种壳聚糖絮凝过程中的污水透光率变化趋势相同，但絮凝效果相差较大。壳聚糖质量浓度为 5 mg/L 时，经高分子量壳聚糖处理的污水透光率在 99% 以上，而经低分子量壳聚糖处理的污水透光率为 95.2%，高分子量壳聚糖的絮凝性能较为优越。

（6）水的浊度。对壳聚糖絮凝动力学的研究表明，溶液的浊度越大，稳态絮体的直径越大，形成稳态絮体需要的时间越短，浊度去除率也就越大。有研究利用未脱蛋白质壳聚糖絮凝处理制浆造纸废液，发现废液的稀释程度对絮凝效果有一定影响，稀释度越小，废液的浊度越大，絮凝效果也越好。但初始浊度仅影响絮体的形状及形成速率，而不改变絮凝平衡。

3. 壳聚糖絮凝性能改性方法

随着城市工业的快速发展，废水排放量日益增长，加剧了水体的污染。絮凝剂作为絮凝污染控制方法中的关键与核心，其性能决定了水处理效果的优劣。近年来，壳聚糖作为一种新型天然高分子絮凝剂取得了一定的研究发展，并因其安全无毒、易于生物降解等突出特点受到了越来越多的关注。壳聚糖具有长链结构。壳聚糖分子链上的游离氨基能在酸性介质下质子化，使其呈现出阳离子聚电解质特性，有效提升水体中污染物的去除效率。值得指出的是，壳聚糖有在中性及碱性水环境溶解性较差的缺陷，这极大地限制了壳聚糖的应用。基于壳聚糖分子链上的氨基和羟基，可通过改性的方法引入化学基团以有效改善壳聚糖的理化性质，提升水溶性、电荷密度、相对分子量及选择性，并进一步扩大絮凝剂的应用范围。

常见壳聚糖絮凝剂的化学改性方法的优缺点可总结为表 3-1。大部分改性方法都能有效改善絮凝剂水溶性，但部分改性方法（如烷基化改性）对氨基基团进行取代，影响了去质子化能力，削弱了壳聚糖本身絮凝效果。目前研究较多的聚合物接枝改性方法由于大分子长链的接入，增强了壳聚糖的吸附架桥能力。

表 3-1　絮凝性能的化学改性方法

改性方法	优点	缺点
醚化改性	具有良好的生物降解性及水溶性，部分具有杀菌、防腐作用	分子量相对较低致使吸附架桥能力较弱，热稳定性下降
酰化改性	酰化取代氨基、羟基，减弱了氢键能力，从而增强水溶性	产物分子量低，反应溶剂挥发性高且毒性大，产物控制较难实现
烷基化改性	大分子链间氢键作用减小，水溶性增强，便于更好地处理污染物	传统制备方法消耗大量氢氧化钠，腐蚀设备，不易回收且污染环境

续表

改性方法	优点	缺点
聚合物接枝改性	氢键作用的削弱增强壳聚糖水溶性，链长增加，增大吸附架桥作用	残留丙烯酰胺单体的毒性威胁水质安全，接枝一定程度掩蔽了阳离子基团，减弱了电中和作用
磁化改性	易回收，可分离性强，磁性增强了絮体沉降速度	制作复杂，Fe_3O_4 纳米颗粒价格昂贵，暂不能大规模推广

4. 壳聚糖类复合絮凝剂

复合絮凝剂主要通过不同絮凝剂复合后的相互作用实现优缺互补，克服传统单一絮凝剂使用范围较窄的缺点，从而提高絮凝效果，扩大适用范围。目前的复合絮凝剂主要有无机高分子复合絮凝剂、有机复合絮凝剂和无机-有机复合絮凝剂。其中无机高分子复合絮凝剂主要代替传统无机高分子絮凝剂，应用于给水、染料废水、焦化废水和生活污水等水处理领域。相对于传统无机高分子絮凝剂，复合絮凝剂适应性更广，处理效果更好，在促进胶状微粒及其他悬浮颗粒聚集成无定形絮状物方面有良好表现，且除浊脱色能力突出。但其絮体不如其他复合絮凝剂密实，且投入量较大，还会引入杂质，造成水体污染。而有机复合絮凝剂由于吸附架桥能力极强，脱水效果良好，则主要应用于污泥脱水处理方面，但其成本较高，难以降解。无机-有机复合絮凝剂的应用范围则更广泛，但其稳定性差，还难以进行大规模工业生产。

（1）壳聚糖与铝矾土复合。复合型絮凝剂克服了壳聚糖单一絮凝剂的不足，在降低处理成本的同时提高了处理效率。壳聚糖的分散性好，可借氢键或盐键形成具有类似网状结构的笼形分子，对染料中的活性基团有稳定的配位作用。但活性染料的水溶性好，相对分子质量小，难以形成较大的絮体，影响絮凝沉降进而影响脱色效果。而天然铝矾土分散性差，沉降快，用铝矾土颗粒外包壳聚糖膜，可在活性染料溶液中发挥两者的优势，使絮体形状变狭、变大，沉降时间缩短，脱色效果提升。

研究人员利用壳聚糖-铝矾土复合絮凝剂对活性艳红 X3B 和还原大红 R 模拟废水进行絮凝脱色处理，实验结果表明在染料质量浓度为 0.5g/L 时，3 种质量比的复合絮凝剂对还原大红 R 的脱色率均可达到 100%，同时铝矾土有很好的可重复利用性，重复使用 3 次的复合絮凝剂对活性艳红 X3B 的脱色率仍高于 94%，复合絮凝剂的脱色效果明显优于单独的壳聚糖或铝矾土。

（2）壳聚糖与稀土复合。稀土化合物与壳聚糖复配之后，由于稀土和壳聚糖之间发生了协同作用和复配增效作用，絮凝效果优于单一絮凝剂，并且节省了絮凝剂用量及水处理成本。

苏州经贸职业技术学院的周谨首先研制出了稀土-壳聚糖复合絮凝剂，实验发现当稀土-壳聚糖复合絮凝剂中稀土与壳聚糖按质量比 3∶7 混合，并调 pH 值至 6~7 时，对废水的去浊效果最好，而以单独壳聚糖及其衍生物作为絮凝剂时，絮凝效果则不甚理想。

（3）PCMM 复合絮凝剂。以聚合硅酸铝铁（PSAF）、壳聚糖（CTS）和改性蒙脱石（MM）为主要原料制备了新型复合自来水絮凝剂（PCMM），它们之间的相互作用使 PSAF 具有优良的除浊效果。天然蒙脱石经钠化并加入铝交联剂后，混层结构转变为层柱状而为分子筛结构，其吸附范围进一步扩大，吸附性能更好。因此 PCMM 中起主要吸附作用的 MM、起主要架桥作用的 CTS、起主要中和作用的 PSAF 复合使用，起到了"协同增效，优势互补"的作用，从而使得整体絮凝吸附性能大大提高。结果表明在对汉江水的絮凝处理中，PCMM 比单个絮凝剂具有更优的去浊性能，在室温、中性条件下，三者的体积配比为 25∶7∶8，原水的浊度去除率最高可达 99%以上。

（4）二氧化硅/CS-AM-DMC 无机-有机絮凝剂。絮凝剂以壳聚糖作为骨架，其周围结合了大量聚合物支链，柔性的单体聚合物支链与刚性链壳聚糖骨架相互渗透、相互结合，使其表面凹凸不平，甚至存在一些孔洞，呈岩层状结构。单体之间发生的接枝共聚反应使得聚合物的表面积比壳聚糖颗粒的表面积大得多，从而更易于吸附废弃钻井液中的微粒，形成大而密实的絮体沉降下来。有学者采用水溶液聚合法，以壳聚糖（CS）为基础，辅以甲基丙烯酰氧乙基三甲基氯化铵（DMC）、丙烯酰胺（AM）、纳米二氧化硅凝胶制备了二氧化硅/CS-AM-DMC 无机-有机絮凝剂，并用此复合絮凝剂处理废弃钻井液，发现其效果远远好于目前市售的各种常用絮凝剂。

5. 磁性壳聚糖絮凝剂

（1）载体絮凝技术。随着水体污染复杂化和水质标准的提高，常规絮凝法已不能满足人们的安全用水需求，因此需要强化絮凝技术来提高水质处理效果。强化絮凝主要指通过加入新型絮凝剂或者助凝剂等药剂，改善絮凝水力条件或设备等方式，强化絮凝作用机制以实现对水体污染物的去除，尤其是对水中溶解性有机污染物、消毒副产物、重金属离子等难去除物质的去除。载体絮凝沉淀技术指的是在投加介质情况下的一种强化絮凝技术，其主要分为微砂加载絮凝技术和磁粉加载絮凝技术两大类。

（2）磁性复合材料的应用。磁性复合材料是一种由不同物理化学性质的两种或两种以上物质组成的磁性多相材料。功能化后的磁性复合材料不仅具备 MNPs 的高比表面积、小尺寸效应和超顺磁性等优势，而且具备所包覆新材料的新特性。此外，根据实际应用需求，可对磁性复合材料的结构和功能进行精细设计和裁剪。由于其独特的优异性能，磁性复合材料在不少水处理领域得到了很好的应用，如重金属废水、有机污染物废水等。

重金属含量超标的工业废水已经成为最严重的环境污染源之一,并严重威胁人类健康。磁性复合材料因其独特的功能可调控性在重金属废水治理中应用非常广泛。有学者以 $Fe_3O_4@SiO_2$ 为磁性内核,在采用壳聚糖和氧化石墨烯(GO)对其进行表面修饰后,将得到的磁性复合材料 $Fe_3O_4@SiO_2$-Chitosan/GO 应用于废水中 Cu(Ⅱ)离子的去除并取得较好的去除效果。也有人通过硅烷偶联剂 3-氨基丙基三乙氧基硅烷对 Fe_3O_4 MNPs 进行改性后,再采用丙烯酸(AA)和巴豆酸(CA)的共聚反应在改性磁纳米表面进行有机高分子包覆,最后形成 $Fe_3O_4@APS@AA$-co-CA 磁性复合材料,该磁性复合物于 Cd^{2+},Zn^{2+},Pb^{2+} 和 Cu^{2+} 等多种重金属离子的去除中显示出较好的效果。还有学者充分利用 Hg 和 S 元素之间的高亲和力通过采用二硫代氨基甲酸盐对 Fe_3O_4 磁性颗粒表面进行功能化,从而制备得到 $Fe_3O_4/SiO_2/NH/CS_2$ 磁颗粒,将该磁颗粒作为吸附剂应用于 Hg 超标的模拟废水和实际废水中。

磁性复合材料逐渐被广泛应用于水体中有机污染物的去除研究中。有研究人员采用悬浮聚合法制备得到聚羧酸 Fe_3O_4 高分子磁性复合颗粒,并将其应用于富含羟基苯甲酸甲酯类化合物(Parabens)的污染水体中。实验结果表明,该磁性复合颗粒表面的羧基基团可与 Parabens 类污染物形成氢键,再加上苯环间的π-π键作用,能实现快速有效的吸附过程。还有人将壳聚糖(CS)与聚乙烯亚胺(PEI)在 $FeCl_3 \cdot 6H_2O$ 和 $FeCl_2 \cdot 4H_2O$ 存在的碱性条件下交联合成多孔磁性壳聚糖-聚乙烯亚胺复合材料(Fe_3O_4/CS-PEI)。该磁性复合材料在刚果红染料废水的去除过程中显示出优异的性能。也有学者采用自制的具有核壳结构的 $Fe_3O_4@MIL$-100(Fe)作为有机磷酸酯(OPEs)的萃取剂,并将其应用于考察 OPEs 对溶解有机物质的吸附性能。

磁性壳聚糖絮凝剂具有比表面积大、粒径分布窄、多孔、机械强度高、易回收且可分离性强等诸多优点，在水处理领域具有广阔的应用前景。

6. 壳聚糖絮凝剂在水处理中的应用

天然高分子絮凝剂壳聚糖只能在酸性条件下使用，为了扩大它的使用范围，人们根据其化学特性将其进行改性，或者将其与其他物质复合，开发出新的絮凝剂来有效处理各类废水。

（1）水源水的处理。在处理水源水时，壳聚糖与常见的无机絮凝剂相比性能略好。但是，单独使用壳聚糖时由于它去除浊度的最佳投加量的范围较窄，且除了最佳投加量外去除效果相差很大。而且除浊率和去除有机物不能统一，不能以去除有机物的最佳投加量来进行絮凝处理。所以复合使用无机絮凝剂和壳聚糖絮凝剂可以发挥它们各自的优点，显著地提高除浊和去除有机物的效果，除浊和去除有机物得到了统一。如在聚合铝铁和壳聚糖复合使用最佳条件下，浊度、COD 和 UV_{254} 的去除率分别是 97%、44%和 55%。

（2）在饮用水处理中的应用。壳聚糖具有独特的分子结构，可以去除水中的悬浮物、有机物、颜色和气味，有效降低水中的 COD 含量，减少消毒副产物的产生；可以有效吸附去除饮用水中的重金属及其藻类物质；还可以去除无机絮凝剂处理水后残留的铝离子，能抑制水中微生物的繁殖和生长，具有一定的杀菌作用。国外有专利报道，将壳聚糖与膨润土按一定比例配合使用，可去除饮用水的颜色、气味和一些颗粒性物质。有学者研究发现，壳聚糖盐酸盐和壳聚糖谷氨酸盐在 pH 值为 7 时对色度的去除率达 95%～100%，同时也研究发现若加入适量的 Fe^{3+}，絮凝效果会明显增强，色度的去除率可到 98%～100%。还有人通过实验研究发现，为了达到相同的浊度去除效果，使用壳聚糖作为混凝剂远低于其他的无机混凝剂所需的剂量，同时可以有效减少消毒剂（如 Cl_2）的用量，从而有效地减少消毒副产物的生成。相关文献研究结果显示，用壳聚糖、聚合氯化铝（PAC）和硅酸盐复配制成复合絮凝剂，通过实验发现，用复合絮凝剂处理饮用水时，复合絮凝剂相比于单纯的 PAC，COD、SS 和 Al^{3+} 的去除率分别提高了 1.8%～23.7%、50% 和 61.2%～85.5%，可见复合絮凝剂壳聚糖对浊度和有机物的去除更有效，出水残留铝浓度降低；同时成本估算表明，药剂成本降低了 7%～34%。研究报告显示，用纯天然的壳聚糖絮凝剂、膨润土来处理饮用水，可以获得不错的出水效果，同时避免了铝离子对出水的污染。有学者通过实验分析认为，pH 值为 7 时，壳聚糖对淡水藻即螺旋藻、颤藻、小球藻及蓝绿藻具有不错的去除效果，对于海洋里的藻类，pH 值则低一些。壳聚糖正是因其天然、安全性、环境友好等已被美国国家环境保护局批准用于饮用水净化。

（3）在生活污水处理中的应用。在城市生活污水处理中，壳聚糖与传统的化学絮凝剂相比，具有投加量少、沉降速度快、去除效率高、无二次污染和产生剩余污泥少的特点。研究人员通过实验发现，将甲壳素用 45% 碱溶液脱乙酰作用 1h，随后溶解在质量分数为 0.1% 的盐酸溶液中，这样制得的壳聚糖在模拟废水和实际废水中使用都会取得较好的效果。壳聚糖与 PDMC（聚甲基丙烯酰氧乙基三甲基氯化铵）复配后在酸性和碱性条件下都有很好的絮凝能力，壳聚糖由于接枝了 PDMC 而形成季铵盐，可以在一个比较宽的 pH 值范围内高效地处理生活污水，而不用调整 pH 值。壳聚糖絮凝剂可强化处理城市生活污水，壳聚糖与硫酸铁的复合强化效果显著，对浊度的强化去除率超过 75%，对 COD 的去除率为 63.8%，对 BOD 的去除率为 43.5%。

（4）去除水体中的藻类。壳聚糖对淡水藻即螺旋藻、颤藻、小球藻及蓝绿藻具有去除效果。有研究表明，对于淡水物种，pH 值为 7 时去除效果最好，而对于海洋物种，pH 值则低些。壳聚糖的适宜投加量取决于水体中的藻类浓度，藻类浓度越高，所需投加的壳聚糖剂量也越大，而壳聚糖投加量的增加往往使絮凝和沉淀进行得更快。浊度即可衡量藻类的去除情况。当 pH 值为 7 时，5mg/L 壳聚糖对水中浊度去除可达 90%，且藻类浓度越高，絮体颗粒越粗大，沉降性能越好。由镜检得知，絮凝沉降而被去除的藻类只是聚集黏附在一起，仍处于完好的活泼状态。由于壳聚糖并不会对水中的物种造成任何负面影响，与加入其他人工合成有机物水处理不同的是，处理后的水仍可用于淡水养殖。

（5）对工业污水的处理。甲壳素、壳聚糖及其衍生物可用于处理电镀废水、印染废水、食品废水、造纸废水等。壳聚糖分子单体中的氨基极易形成铵正离子，对过渡金属有良好的螯合作用，可用于去除废水中的铜、镉、汞、锌、铅等重金属离子。壳聚糖分子中均含有酰胺基及氨基、羟基，随着氨基的质子化表现出阳离子型聚电解质的作用，不仅对重金属有螯合作用，还可有效地絮凝吸附水中带负电荷的微细颗粒，它们最大的优势是对食品加工废水的处理。由于壳聚糖对蛋白质、淀粉等有机物的絮凝作用很强，可以从食品加工废水中回收蛋白质、淀粉作饲料。

水中重金属离子的去除受 pH 值、初始金属浓度、絮凝剂剂量等多种因素影响，优化反应环境能获得更加经济实用的絮凝效果。有学者研究了 N-（2-羧乙基）壳聚糖对金属离子 Cu（Ⅱ）、Zn（Ⅱ）、Ni（Ⅱ）的絮凝效果。相关实验证明由于溶液 pH 值不仅影响絮凝剂的表面电荷，还会对反应过程的离子化程度及金属离子的形态造成影响，故随着 pH 值的上升且当 pH 值等于 9.0 时，絮凝剂对于 Cu（Ⅱ）和 Zn（Ⅱ）的去除效果最优，达到 93.0%～95.0%。此时 Ni（Ⅱ）的去除率可达 60.0%。有研究指出，改性壳聚糖絮凝剂最优投加量随着初始铜离子浓度的增大而提高，并呈现出线性变化关系。铜离子的残余浓度则随着投加剂量的上升而下降，直到达到最优剂量值时最小。从文献研究成果可以看出,改性壳聚糖絮凝剂对于金属离子的絮凝作用主要依靠质子化官能团的静电吸引作用和金属螯合作用。改性壳聚糖絮凝剂去除效果明显优于单一壳聚糖,且生成絮体沉降性能好,不存在二次污染。但目前研究所得的改性壳聚糖絮凝剂对于重金属离子的选择性和制备技术的经济性、简化性仍需进一步提高。

3.1.2 吸附剂

1. 壳聚糖对金属离子的吸附

目前用于处理含重金属废水的方法很多,由于成本高、耗能大、易产生二次污染以及对重金属离子有选择性等缺点,因此大部分方法都不能用于实际的废水处理。综合来看,吸附法有其独到之处,如合成树脂、沸石,因自身特殊的化学结构能和重金属离子发生螯合作用,从而可以吸附重金属离子。在众多的吸附剂中,壳聚糖及其衍生物作为来源广泛、质优价廉、后处理方便的吸附剂,在重金属处理方面发展迅速。壳聚糖因无毒、无味、可生物降解,而且壳聚糖分子中存在的大量羟基和氨基可与大多数重金属离子配位,从而可以吸附回收重金属离子,因此,在废水处理方面的应用越来越广泛。

(1)壳聚糖对金属离子的吸附。壳聚糖对过渡金属离子和重金属离子有很好的吸附作用,而对碱金属和碱土金属却没有吸附作用。早期人们研究壳聚糖对金属离子的吸附作用主要侧重于吸附条件的选择,即在什么条件下对金属离子有最大吸附。大量的研究结果表明,壳聚糖对金属离子的吸附与壳聚糖脱乙酰度的大小、物理状态、溶液的 pH 值、吸附时间和温度以及所吸附的金属离子的种类有关,不同的吸附条件对同一金属离子可得到不同的吸附结果。

通常壳聚糖的脱乙酰度越大,其对金属离子的配位能力越强,但对不同条件下制备的壳聚糖也有例外。同时，壳聚糖对金属离子的吸附能力与其来源有关，有人分别用虾和蟹制得的壳聚糖对 Cu^{2+} 离子的吸附性能进行研究，结果发现虾壳聚糖对 Cu^{2+} 离子的吸附量最大值出现在脱乙酰度约为 70%时，而壳聚糖吸附量则随脱乙酰度的提高而增大。有关壳聚糖与 Ag^+、Zn^{2+}、Mn^{2+}、Fe^{2+}、Cu^{2+}、Cd^{2+}、Co^{2+} 等常见金属离子的吸附条件的文献报道很多。刘振南等研究了壳聚糖与 Ag^+、Zn^{2+}、Pb^{2+}、Cd^{2+}、Co^{2+} 的配位情况，结果表明随着壳聚糖的用量的增大、配位时间的增长，其配位能力增强，不同金属离子的配位能力随着 pH 值的增加，吸附量增加。张秀军等研究了壳聚糖对 Fe^{2+} 的吸附行为，得到了较为理想的合成产物[Fe(CTS)₂]·SO₄·7H₂O。傅民等研究了不同分子量壳聚糖对 Fe^{2+} 离子的配位能力，表明 pH 值为 3.5 时不同分子量壳聚糖对 Fe^{2+} 的配位能力与不同的试液浓度、不同的壳聚糖用量有关。刘维俊则认为壳聚糖与 Mn^{2+}、Fe^{2+}、Cu^{2+}、Zn^{2+} 产生螯合作用的理想 pH 值环境为 6.5 左右，而在溶液 pH 值为 8.0 左右时，壳聚糖表现出螯合与絮凝双重作用，所以出现最大吸附率。

通过分析大量壳聚糖对金属离子的吸附性能的研究，得出壳聚糖螯合金属离子的大致顺序为 $Cr^{3+}<Co^{2+}<Pb^{2+}<Mn^{2+}<Cd^{2+}<Ag^+<Ni^{2+}<Fe^{3+}<Cu^{2+}<Hg^{2+}$。壳聚糖对镧系金属离子也有吸附性，吸附序列为 $Nd^{3+}>La^{3+}>Sm^{3+}>Lu^{3+}>Pr^{3+}>Yb^{3+}>Eu^{3+}>Dy^{3+}>Ce^{3+}$，并且吸附作用受离子浓度和反应时间的影响。

（2）交联壳聚糖对金属离子的吸附。壳聚糖能选择性的吸附 Cd^{2+}、Mn^{2+}、Pb^{2+}、Cu^{2+} 和 Ag^+ 等金属离子，在环境保护和水处理等领域有广泛的应用前景。然而，壳聚糖本身为线性高分子，在被处理溶液的 pH 值过低或在处理后进行金属离子的酸性解吸时，往往会因分子中的-NH₂ 被质子化而溶于水造成吸附剂的流失，应用范围受到很大的限制，也不利于回收再利用。因此，需对壳聚糖进行交联改性，使其成为不溶不熔的网状聚合物。

交联壳聚糖在酸性条件下能够与金属离子形成络合物,吸附容量主要依赖于交联的程度, 一般随着交联度的提高而减少。与非均相条件下的交联相比,均相条件下由于晶态部分破坏导致亲水性增强,壳聚糖与金属离子的配位能力增强。在均相条件下, 壳聚糖与戊二醛交联后（醛氨比为 0.7）,对铜的吸附从 74%增加到 96%,当醛氨比大于 0.7 后,随着醛氨比的增大,吸附容量降低。也有人以壳聚糖为原料,分别经过悬浮交联和复合制备得到壳聚糖树脂吸附剂和壳聚糖-活性炭复合吸附剂, 发现这两种吸附剂对有毒金属离子 Pb^{2+} 的去除率为 90%以上。壳聚糖珠在非均相条件下与戊二醛交联, 随着戊二醛摩尔质量的增加,交联壳聚糖对 Cd^{2+} 的吸附容量从 250mg/g 下降到 100mg/g。这主要是因为聚合物的网状结构限制了分子扩散,降低了聚合物分子链的柔韧性。另外,与醛基反应占据了作为主要吸附点的氨基交联剂通过多乙烯多胺的引入来增加在壳聚糖分子上的吸附点,制备的新型多孔多胺化壳聚糖（P-CCTS）在 pH 值为 6 左右时, 对 Cd^{2+} 的吸附能力最强, 溶液中适量的 NaCl 的存在能够显著提高 P-CCTS 对 Cd^{2+} 的吸附容量。有人用香草醛与壳聚糖交联,改性后的壳聚糖对金属离子的饱和吸附量比壳聚糖大, 其中对 Cu^{2+}、Pb^{2+}、Cd^{2+} 和 Zn^{2+} 离子的吸附量分别达 143.5mg/g、585.9mg/g、357.7mg/g 和 178.4mg/g 树脂。有学者用戊二醛交联制成多孔性磁性壳聚糖小球回收工业废水中的 Cd^{2+}, 直径为 1mm 的交联壳聚糖对 Cd^{2+} 的饱和吸附量为 518mg/g。还有人利用壳聚糖 C_2 位上的活泼氨基与水杨醛进行大分子反应, 再以环硫氯丙烷作交联剂, 合成了带有邻羟基席夫碱的交联型壳聚糖, 发现其对 Au^{3+}、Pd^{2+}、Hg^{2+}、Pt^{4+} 和 Ag^+ 等贵金属离子具有较大的吸附容量, 其中对 Au^{3+} 离子的吸附量可达 5.37mmol/g 树脂。同时还用带游离氨基的交联壳聚糖与丙烯腈进行大分子反应,合成了带有氰基的功能聚合物,再与水合肼进一步反应,制得了带有酰肼基团的壳聚糖，该交联产品对 Cu^{2+}、Pd^{2+}、Hg^{2+} 和 Ag^+ 离子具有较大的吸附容量。在微波辐射下，用乙二醛和壳聚糖制备交联壳聚糖，与传统制备方法相比，制备的交联壳聚糖比表面积大，对 Cu^{2+} 的吸附量较多。

交联反应虽然解决了树脂强度和可重复使用性能的问题，但也导致了吸附性能较未交联时差，其主要原因是交联反应往往发生在活性较高的 -NH_2 上，而 -NH_2 上引入了其他的基团后增加了氮原子同金属离子配位的空间位阻。为此，为了解决交联壳聚糖吸附能力下降的问题，近年来一种新的壳聚糖衍生物，即"交联模板"壳聚糖受到了重视。交联模板壳聚糖的合成是通过使用金属阳离子作模板、交联，然后除去模板离子形成具有一定"记忆"功能的高分子吸附螯合树脂。该法合成的交联产物，因其分子内保留有恰好能容纳模板离子的"空穴"，从而对模板离子具有较强的识别能力。这种树脂的高选择性和吸附能力依赖于 pH 值。此外，这种树脂在酸性介质中比较稳定，也能再生。

以 Cu^{2+} 为交联壳聚糖的模板，对 Cu^{2+}、Cd^{2+}、Zn^{2+}、Ni^{2+}、Fe^{3+}、Pb^{2+}、Co^{2+}、Ag^{2+}、Mo（VI）、V（V）、In^{3+}、Ga^{3+}、Al^{3+}（硝酸铵溶液中）的溶液进行吸附，发现这种交联树脂与市售的 Lewait 和 TP-207 亚胺基二乙酸型螯合树脂相比，选择性大大提高。该交联树脂很容易将 Cu^{2+} 从其他二价金属离子中选择分离出来，而市售的螯合树脂分离效果则较差。铜模板交联壳聚糖从稀 HCl 中以离子交换形式吸附 Pt^{4+} 和 Pd^{2+}，对 Cu^{2+} 则是通过与壳聚糖的氨基和羟基螯合配位进行吸附的。而当交联壳聚糖采用 Ni^{2+} 作模板时，它对 Ni^{2+} 和 Co^{2+} 有较好的吸附能力。与非模板树脂相比，对 Ni^{2+} 的吸附量提高 5～6 倍，对 Co^{2+} 的吸附量提高两倍多。有国外研究者以 Ga^{3+} 为模板金属离子，将壳聚糖与 5-氯甲基-8-羟基喹啉盐酸盐进行交联反应形成模板，并对其从稀 H_2SO_4

溶液中吸附 Mo^{4+}、V^{4+}、In^{3+}、Al^{3+}、Zn^{2+}、Fe^{2+}、Cd^{2+}、Ga^{3+}的能力进行了比较，结果发现在相同 pH 值下模板树脂的吸附量比壳聚糖低，Ga^{3+}最为明显。此外还能很好地从 Zn^{2+}富集的溶液中选择分离 Ga^{3+} 和 In^{3+}，最大的吸附量是1.17mmol/kg 树脂。国内也有研究人员以 Zn^{2+}为模板，合成了戊二醛交联壳聚糖树脂，通过对过渡金属离子吸附性能的研究，显示了该树脂对 Zn^{2+}有较强的记忆功能，且对同族的 Cd^{2+}、Hg^{2+}也有较高的吸附能力，而且在酸性条件下不会发生软化和溶解，重复使用性好。还有人研究了球形交联壳聚糖树脂及镍模板壳聚糖交联树脂对去除水体中重金属离子的吸附特性，表明壳聚糖树脂交联后，在酸中稳定性增强，可重复使用 10 次，吸附容量没有明显降低，模板壳聚糖交联树脂对 Ni^{2+}、Zn^{2+}、Cu^{2+}等特定金属离子的吸附容量比非模板壳聚糖交联树脂提高了 1 倍左右，同时球形交联壳聚糖树脂与商用吸附树脂相比，两者对 Ni^{2+}与柠檬酸镍的吸附容量相当。

（3）壳寡糖对金属离子的吸附。壳聚糖降解后分子链节数 n 在 2～10 之间的低聚糖称为壳寡糖。壳寡糖由于易溶于水又有较高生物活性，是一些金属的良好配体。有学者研究了壳寡糖与 Zn^{2+}的配位，并认为壳寡糖与 Zn^{2+}最佳配位的 pH 值为 7～9，而与 Fe^{3+}、Cr^{3+}离子配位的最佳 pH 值分别为 4～5、5.5～6.5。壳寡糖可与稀土镧配位，研究表明壳寡糖-La^{3+}的配合物可提高蔬菜、水稻种子的发芽率，对十字花科蔬菜的病毒有一定的抑制作用。有国外学者在离子强度为 0～0.75mol/kg 的 $NaNO_3$ 溶液中，用电位滴定法测定氨基葡萄糖（壳聚糖的最终降解产物，pKa=7.74）与 Cu^{2+}、Fe^{3+}、Co^{2+}、Ni^{2+}形成配合物的酸离解常数及配合物稳定常数，结果显示了这些配合物的稳定性按下列次序减小：$Fe^{3+}>$$Cu^{2+}>Ni^{2+}>Co^{2+}$，这些工作为氨基葡萄糖与金属配合物的研究奠定了基础。

壳聚糖基材料对重金属有大于 1mmol/g 的结合容量，远高于活性炭，壳

聚糖对放射性金属离子也有较好的吸附潜力,其对各重金属离子的吸附容量列于表 3-2。

表 3-2　壳聚糖基生物吸附剂对金属离子的吸附容量

金属离子	pH 值	吸附容量/（mmol/g）	放射性/贵金属	pH 值	吸附容量/（mmol/g）
Cu（II）	5～6	0.6～3.2	Pd（II）	2	1.5～4
Pb（II）		0.02～1.15	Pt（IV）	2	1.5～3
Cd（II）	6.5～8	0.059～4.0	Au（III）	3～4	2～3
Ni（II）	2	0.1～4.33	Ag（I）	6.2	0.17～0.22
Cr（III）	3.9～5	0.06～0.5	U（VI）	4～8	0.21～2.7
Hg（II）	3～7	0.24～15.81	Co（II）	2.1	0.15～0.71
Zn（II）		0.14～4.42	Sr（II）		0.13
Cr（VI）	2～5.8	0.5～4.13			
As（V）	2～3	0.4～3.07			
Mo（VI）	3	7～8			
V（V）	3	7～8			

2. 壳聚糖衍生物对金属离子的吸附

（1）壳聚糖不同取代位置衍生物对金属离子的吸附。

壳聚糖衍生物归纳起来有 3 种类型：N 位、O 位和 N，O-位取代产物，它们因取代位置不同，对金属离子的吸附方式也不同。

1）N-位壳聚糖的衍生物。在壳聚糖的-NH_2 上引入不同的基团,可使壳聚糖的性质发生较大的变化,在其分子链中引入含-COOH 或-OH 的基团可提高壳聚糖对金属离子的配位或吸附能力。用脂肪醛或芳香醛与壳聚糖反应生成席夫碱,然后用 $NaBH_3CN$ 或 $NaBH_4$ 还原是制备壳聚糖的 N-衍生物的主要方法。有研究者分别用甲醛、乙醛、丙醛、丁醛和己醛与壳聚糖反应,硼氢化钠还原制得了一系列 N-烷基化衍生物。他们还用乙醛酸与壳聚糖反应，再用硼氢化钠还原制得水溶性的 N-羧甲基壳聚糖，发现将其加入到过渡金属离子溶液中能够生成不溶于水的金属螯合物，在中性溶液中对 Cu^{2+}、Ni^{2+}、Zn^{2+}、Hg^{2+}、Pb^{2+}、Co^{2+}、Cd^{2+}、UO^{2+} 有很好的吸附能力。研究还发现它与二价金属离子亲和力大小依次为 $Cu^{2+}>Cd^{2+}>Pb^{2+}>Ni^{2+}>Co^{2+}$，在螯合过程中 N-羧甲基残基参与了反应，并且它能非常有效地除去氟化钠和氯化钠溶液中的 Co^{2+} 和 Cu^{2+}。

N-（O-羧苯甲基）壳聚糖是聚两性电解质，它的制备类似于 N-羧甲基壳聚糖，通过壳聚糖与苯醛酸在还原剂存在的条件下反应制得，它也是水溶性的，而且形成非水溶性螯合物依赖于溶液的 pH 值。该聚合物在浓度为 $200\sim500mg/mL$ 范围内能够除去稀溶液中的 Co^{2+}、Ni^{2+}、Cu^{2+}、Cd^{2+}、Pb^{2+}、UO^{2+}，而且即使在高浓度的溶液中，Cu^{2+} 和 Pb^{2+} 也能被全部除去。有研究者分别用丙酮酸、α-酮戊二酸经席夫碱反应对壳聚糖进行修饰，合成了高取代的水溶性丙酮酸壳聚糖（PCTS）（图 3-1）和 α-酮戊二酸改性壳聚糖（KCTS），并采用正交实验考察了金属离子浓度、介质酸度、吸附时间对吸附剂去除金属离子的能力的影响，结果表明 PCTS、KCTS 对 Cu^{2+}、Zn^{2+}、Co^{2+} 的吸附能力比壳聚糖、水杨醛壳聚糖效果好。

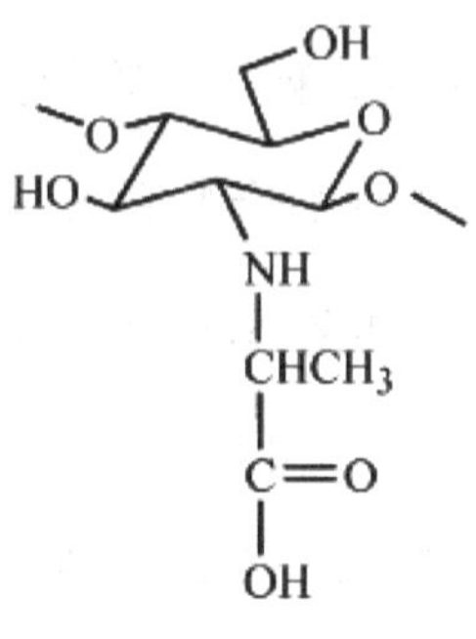

图 3-1　丙酮酸壳聚糖

2）O-羧甲基壳聚糖。O-羧甲基壳聚糖有很好的溶解性和很强的金属离子螯合能力，氮原子上的孤对电子还能够最大限度地与很多金属离子形成配位键，从而生成络合物沉淀下来。有学者研究了 O-羧甲基壳聚糖对水中 Cd^{2+} 的絮凝作用，结果表明去除效果极佳，用 O-羧甲基壳聚糖和 Na_2SO_4 混用絮凝除 Cd^{2+}，当水中 Cd^{2+} 含量在 30～50mg/L 时，加入 1% 的 O-羧甲基壳聚糖水溶液和等体积的 0.1mol/L 的 Na_2SO_4 溶液，除镉率可达 99.9% 以上。还有研究者采用化学法对壳聚糖进行改性，分别制得 O-丁烷基壳聚糖和 O-羧甲基壳聚糖，研究了它们对废水中较难处理的污染物 Cr（Ⅵ）的吸附情况，壳聚糖对 Cr（Ⅵ）吸附的最佳 pH 值范围为 5.0～6.0，最佳吸附时间大约为 2h，吸附率可达 90% 以上。丁烷基壳聚糖对 Cr（Ⅵ）的吸附效果比壳聚糖本身好得多，吸附 Cr（Ⅵ）的最佳 pH 值出现在 5.0 附近，其更适应酸性环境。

3）N，O-位壳聚糖的衍生物。壳聚糖分子中有-NH_2 和-OH，在碱性条件下很容易发生 N，O-位反应。N，O-羧甲基壳聚糖对重金属离子有很强的螯合作用，用它处理含 Cu^{2+} 的废水，螯合反应能在几分钟内达到平衡，是用壳聚糖处理的平衡时间的 1/300，Cu^{2+} 的平衡浓度为 $1.25×10^{-4}$mol/L，螯合容量可达 189mg/g 样品，废水经一次处理即可达到排放标准。另外，还可使水中的 Ce^{4+}、Pb^{2+}、Sn^{2+} 等金属离子形成沉淀析出。

针对 Zn^{2+} 与 N，O-羧甲基壳聚糖衍生物的螯合反应，有国外研究者探讨了温度、离子浓度、配体浓度对配合物的影响，得到了 Zn^{2+} 离子浓度为 0.005mol/L、温度为 50℃、配位体 $ZnSO_4$ 浓度为 0.5g/200mL 是形成 Zn^{2+} 螯合物的最佳条件。IR 光谱显示螯合作用是在羧基的位置上发生的。此外，还发现水不溶性螯合物有四面体的结构。水溶性螯合物衍生物是由于静电吸引，Zn^{2+} 与羧基和水中的氧结合形成的。因此，它能够用来除去稀盐水溶液中的过渡金属离子。这些衍生物不像壳聚糖能够定量地除去 Co^{2+}，它们能够有效地在酸性条件和氯化物与氟化物盐水中使用。

与水溶性低聚壳聚糖相比，羧甲基壳聚糖席夫碱具有更强的络合能力，羧甲基壳聚糖席夫碱-锌配合物可用于生物活性研究，为开发生物多糖型补锌剂提供理论依据。羧甲基壳聚糖还可经戊二醛交联制成树脂，它是一种良好的吸附剂，抗酸碱性好，吸附容量大，吸附速度快，对 Eu^{3+} 离子的吸附率可达95%，并且可以重复再生，吸附可在 5min 达到平衡。交联羧甲基壳聚糖对 Cu^{2+} 的吸附能力比壳聚糖高，与壳聚糖不同的是，它在稀溶液中也能有效地吸附 Co^{2+}。

（2）含杂原子的壳聚糖衍生物对金属离子的吸附。

1）含氮杂原子的壳聚糖衍生物。将氨基酸连接到壳聚糖/部分交联壳聚糖上可得氨基酸壳聚糖化合物，比如在酸性条件下用甘氨酸、谷氨酸、赖氨酸、异亮氨酸修饰壳聚糖，这种壳聚糖对 Co^{2+}、Cu^{2+} 和 Mn^{2+} 的吸附量有了显著提高，吸附量依赖于离子的初始浓度和所加入基团的链长度，所引入的基团链越长，吸附量越小。

在对吡啶甲基壳聚糖（图 3-2）的吸附性能的研究中发现的在 pH 值较低的条件下形成的平面配合物，与交联壳聚糖相比它能够选择吸附 Ni^{2+} 和 Pd^{2+}。吡啶甲基壳聚糖几乎在与交联壳聚糖相同的 pH 值范围内吸附能形成八面体配合物的金属离子，如 Cd^{2+}、Zn^{2+}、Co^{2+}，而 Hg^{2+} 则能够从稀 HCl 溶液中被吡啶甲基壳聚糖选择性地吸附。研究发现 N-（2-吡啶甲基）壳聚糖在水溶液中对 Cu^{2+} 的吸附平衡常数较大，吸附平衡常数不同是吡啶环取代位置不同导致的。因此，吡啶甲基壳聚糖对于能够形成平面配合物的金属离子有较好的吸附能力，如 Ni^{2+}、Pd^{2+}、Cu^{2+}、Hg^{2+} 等。壳聚糖还可与吡哆醛盐酸盐反应，而后用氰化硼氢化钠还原得壳聚糖-吡哆醛（图 3-3）。这种衍生物对 Cu^{2+}、Pb^{2+}、Fe^{3+} 显示了较强的吸附能力。在 pH 值为 5 的铜溶液中，2h 内吸附铜达 71%，而在同种条件下壳聚糖只能吸附 54%。

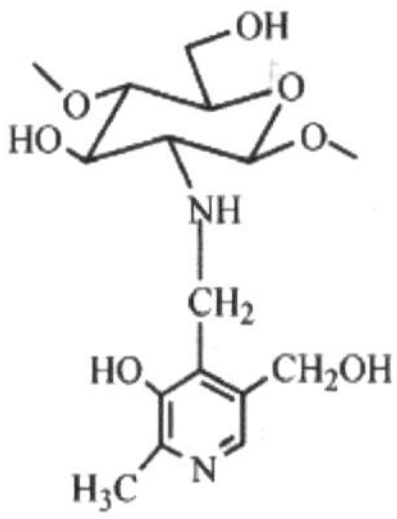

图 3-2　吡啶甲基壳聚糖 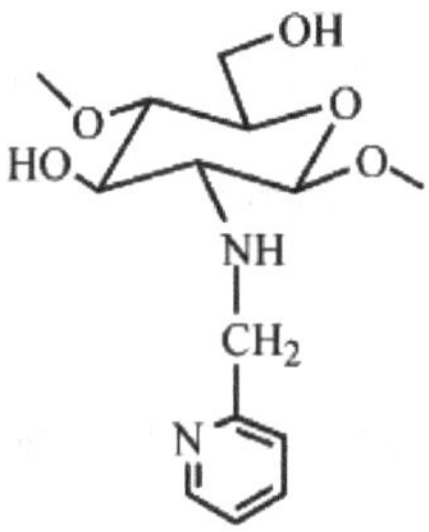　　　　　　　图 3-3　壳聚糖-吡哆醛

　　研究发现这类衍生物相比于其他的壳聚糖衍生物如巯基琥珀酸壳聚糖、硫杂丙环壳聚糖、琥珀酰胺壳聚糖有更高的吸附能力。当用环氧氯丙烷交联时，这类衍生物对铜离子的选择性要高于铁、锌、镉离子；N-2-羟基-3-甲基-氨丙基-壳聚糖对 Cu^{2+}、Hg^{2+} 的吸附能力与壳聚糖相比好得多。

　　2）含硫杂原子的壳聚糖衍生物。二硫代氨基甲酸壳聚糖可通过壳聚糖与二硫碳化物制备，也可以通过二硫代氨基甲酸盐和壳聚糖相互作用而制备。这类衍生物能够选择吸附 Ag^+、Au^{3+}、Pd^{2+}，对 Ag^+ 的最大吸附量为 3.6 mmol/g。它比壳聚糖以及含有相同官能团的螯合树脂具有更高的吸附能力。壳聚糖与氯乙醇或含-SO_3 基团的环氧化合物反应可以制备壳聚糖磺酸盐衍生物，这种衍生物含有 8% 的硫，而且容易与铁离子进行配位。N-苯甲基磺酸盐壳聚糖和二磺酸盐都是除去酸性溶液中金属离子的良好吸附剂。这类衍生物可以通过壳聚糖与 2-甲酸基苯磺酸钠和 4-甲酸基-1,3-苯磺酸钠反应而后用氰化硼氢化钠还原制得。二磺酸盐衍生物对 Cd^{2+}、Zn^{2+}、Ni^{2+}、Pb^{2+}、Cu^{2+}、Fe^{3+}、Cr^{3+} 的吸附性能，要比单磺酸盐衍生物高。在 5ppm 溶液中，单磺酸盐衍生物仅能吸附 7%的 Cr^{3+}，而二磺酸盐能吸附 25%的 Fe^{3+} 和 26%的 Cr^{3+}。

利用氨基硫脲对贵金属离子的良好配位作用，通过接枝的方法将氨基硫脲引入壳聚糖，可生成一种新型的螯合树脂，从而提高壳聚糖对贵金属离子的吸附率和选择性。壳聚糖和硫氰酸铵与肼反应可生成壳聚糖氨基硫脲衍生物，这种衍生物有交联网状结构，不溶于所有有机溶剂。研究发现这种衍生物对 Hg^{2+} 吸附效果很好，对 Hg^{2+}、UO^{2+}、Cu^{2+} 的吸附能力依次递减。硫脲衍生物对 Pd^{2+} 和 Pt^{4+} 有好的吸附性与选择性，它的最大吸附能力几乎不受阴离子特别是硫酸根的影响。

甲基噻吩和甲基硫修饰的壳聚糖在盐酸溶液中对 Au^{3+}、Pd^{2+}、Pt^{4+} 和 Hg^{2+} 有较高的选择性。这类衍生物对 Pd^{2+} 的吸附率取决于氯离子的浓度。研究还发现这些衍生物对 Pd^{2+} 的吸附能力比 2-氯甲基环氧基壳聚糖及市售的螯合树脂高出 2.5～3 倍。交联壳聚糖与（R）-噻唑烷-4-羧酸和巯基乙酸的酯类衍生物在 pH 值 3～6 范围内对 Ni^{2+} 和 Cd^{2+} 与 Zn^{2+}、Mg^{2+} 和 Ca^{2+} 相比选择性要好得多。金属离子与 1，3-二氨基丙烷四乙酸和巯基乙酸官能团形成稳定的螯合物使这类衍生物即使在较低的 pH 值条件下也会有相当好的吸附能力。

3）含磷杂原子的壳聚糖衍生物。含磷杂原子衍生物不但提高了壳聚糖与 Cu^{2+}、Hg^{2+} 的结合能力，而且也能较好地吸附 UO^{2+}。在二甲基甲酰胺溶液中，通过使用尿素和磷酸能够使壳聚糖和甲壳素磷酸化。研究发现这类衍生物对铀的吸附能力要比对 Cu^{2+}、Cd^{2+}、Mn^{2+}、Zn^{2+}、Co^{2+}、Ni^{2+}、Mg^{2+}、Ca^{2+} 大。

壳聚糖的磷酸化可以用五氧化二磷在甲磺酸中进行，并且可得到完全取代的衍生物。这种高取代化合物不溶于水，对 Cu^{2+} 有较强的结合力（一个 Cu^{2+} 与两个磷酸化氨基葡萄糖的残基相结合）。使用三甲基磷酸盐 - $POCl_3$ 和

H_3PO_4-DMF 将环氧氯丙烷交联的壳聚糖磷酸化，能够在金属离子浓度较高的溶液中提高金属离子与壳聚糖的键合能力。

（3）壳聚糖接枝共聚衍生物对金属离子的吸附。

近几年壳聚糖的接枝共聚研究进展较快，通过分子设计可以得到由天然多糖和合成高分子组成的修饰材料。壳聚糖可以和糖基、多肽、聚酯链以及烷基链进行接枝，得到不同类型的壳聚糖接枝共聚物。反应引发主要有化学法和辐射法。国内对壳聚糖与烯类化合物如丙烯酰胺、丙烯腈、丙烯酸、甲基丙烯酸酯等的接枝共聚研究较多，常用硝酸铈（IV）铵或过硫酸钾作引发剂。

将孔状壳聚糖用乙二醇二缩水甘油醚交联后，再分别与环氧氯丙烷和聚乙烯亚胺反应可以生成聚胺类多孔树脂（图 3-4）。在 pH 值为 7 的溶液中，这类树脂对以下金属离子吸附作用的选择顺序为 Hg^{2+}>UO^{2+}> Cd^{2+}> Zn^{2+}> Cu^{2+}> Ni^{2+}> Mg^{2+}，而对 Ca^{2+}、Ga^{3+}、As^{3+}、Sr^{2+}不吸附。吸附选择性主要依赖于 pH 值，随着 pH 值的下降，树脂对金属离子的吸附量下降。与商品化的螯合树脂相比，这种树脂有较高的吸附能力，能够吸附洗涤重复循环，再生性能非常好。

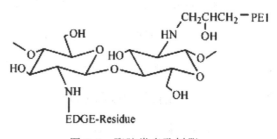

图 3-4　聚胺类多孔树脂

将聚丙烯腈接枝壳聚糖进一步衍生化可以得到偕胺肟（amidoximated）壳聚糖（图 3-5）。与交联壳聚糖相比，它对 Cu^{2+}、Mn^{2+}和 Pb^{2+}有更好的吸附性，并且对 Cu^{2+}和 Pb^{2+}的吸附量与 pH 值成线性关系。但是它对 Zn^{2+}和 Cd^{2+}的吸附量有明显的降低。

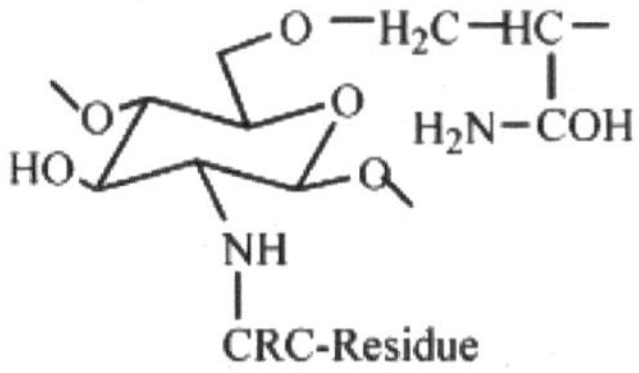

图 3-5　偕胺肟壳聚糖

　　将乙烯吡咯烷酮均相接枝到壳聚糖上，可以合成聚乙烯吡咯烷酮接枝壳聚糖，它不溶于一般的有机溶剂和有机酸、无机酸，能很好地吸附 Cu^{2+}。与链烯酸一样，链烷二酸、链烯二酸接枝壳聚糖衍生物也有较高的吸附性，可作为两性絮凝剂，在酸性介质中聚阳离子官能团发挥作用，在碱性介质中聚阴离子官能团发挥作用。用聚丙烯酸钠（PA）修饰壳聚糖，所得化合物（CTS-PA）对高浓度溶液中的 Pb^{2+} 有很好的去除作用，去除率可达 99.991%。

　　壳聚糖可与单糖、二糖甚至是多糖在-NH_2 上发生酯化反应，形成一种新的衍生物。脱氧乳糖壳聚糖能与 Cu^{2+}、Fe^{3+} 形成络合物。D-半乳糖壳聚糖不仅能吸附稀土金属离子还能吸附碱金属离子，吸附顺序为 $Ga^{3+}>In^{3+}>Nb^{3+}>Eu^{3+}$，$Cu^{2+}>Ni^{2+}>Co^{2+}$，选择吸附系数受金属离子价态的影响。壳聚糖与糖类的反应值得进一步研究。

　　（4）其他壳聚糖衍生物对金属离子的吸附。

　　1）冠醚壳聚糖。有国外研究者研究了氮杂冠醚接枝壳聚糖对 Cu^{2+} 等重金属离子的吸附性能，结果发现：该衍生物对 Cu^{2+} 具有较高的吸附量和选择性，在相同条件下对 Cu^{2+} 的吸附选择性比壳聚糖有大幅度提高。这是因其在壳聚糖分子骨架上引入了高选择性的氮杂冠醚，增强了对金属离子的选择性，所以在 Pb^{2+}-Cd^{2+}-Cu^{2+} 三元体系中对 Cu^{2+} 有较高的选择性。研究发现用交联壳聚糖与 4′-甲酸基苯并 15-冠-5（图 3-6）和 4′-甲酸基苯并 18-冠-6（图 3-7）反应可合成席夫碱型交联壳聚糖冠醚衍生物（CCTSN=CH-B-15-C-5）和（CCTSN=CH-B-18-C-6），它们的吸附性虽然比壳聚糖差，但是对 Ag^+ 和 Pd^{2+} 有更好的选择性。在 Pd^{2+}-Pb^{2+}-Cr^{3+} 三元体系中，它们选择次序为 Pd^{2+}>Pb^{2+} 且对 Cr^{3+} 不吸附。CCTSN=CH-B-15-C-5 在 pH 值为 6 时对 Ag^+ 比 Pb^{2+} 有更好的吸附性，对 Ag^+ 的吸附量为 52.5mg /g，而对 Pb^{2+} 的吸附量为 4.1mg/g。此外，CCTSN= CH-B-15-C-5 对 Ag^+ 的吸附量要比 CTSN= CH-B-18-C-6 好。这可能是因为冠醚 CCTSN= CH-B-15-C-5 的半径要比 CCTSN= CH-B-18-C-6 的小。

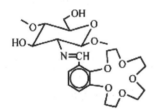

图 3-6　4′-甲酸基苯并 15-冠-5　　　　　图 3-7　4′-甲酸基苯并 18-冠-6

国内研究人员又将二苯并 16-冠-5 氯代乙酸酯冠醚分别接枝到这两种席夫碱型壳聚糖冠醚上，制备了 1，4-壳聚糖双冠醚。该衍生物对 Pd^{2+}、Ag^+、Pt^{4+}、Au^{3+} 的静态吸附能力较好，并且能在 Cu^{2+} 和 Hg^{2+} 共存的条件下选择吸附 Pd^{2+}，而且壳聚糖双冠醚比壳聚糖单冠醚具有更好的选择性。

可以 4，4′-二溴二苯并 18-冠-6 为交联剂，合成一种冠醚交联壳聚糖（DCTS）（图 3-8），并研究其对铬的吸附行为，建立 DCTS 富集分离测定环境水样中痕量 Cr（Ⅲ、Ⅵ）的新方法。在 pH 值为 7.5 的溶液中，DCTS 对铬的吸附率为 100%，富集倍数可达 50 倍以上，用 2mL 0.20g/L 的酒石酸溶液可定量解吸总铬，用 2mL 0.20g/L 的柠檬酸溶液可定量解吸 Cr（Ⅲ）。

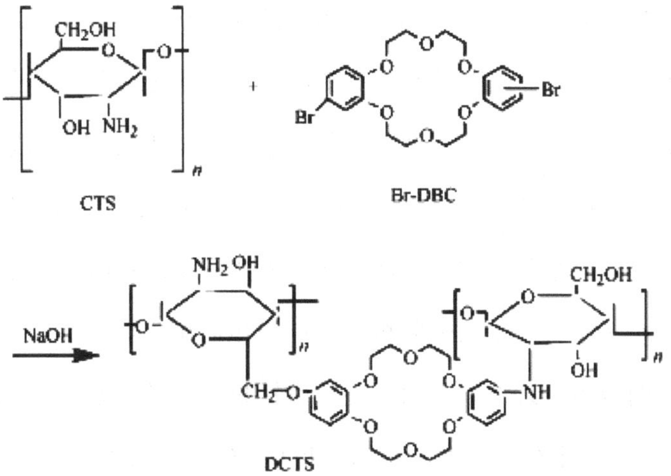

图 3-8　冠醚交联壳聚糖合成反应式

2）硅烷化壳聚糖。以硅胶为基质，壳聚糖通过环氧氯丙烷交联后，包覆在硅胶基质表面，这种以硅胶为基质的交联壳聚糖（CTS-SiO$_2$）克服了纯壳聚糖作吸附剂时存在的酸溶性、质软、难成形等缺点，且壳聚糖使用量减少，同时还增大了树脂的比表面积，从而大大提高了其对金属离子的吸附速率，吸附效果增强。曲荣君制备了 Si-BCTS 树脂，并研究了壳聚糖浓度、碱的浓度、交联剂的用量及时间等条件对树脂的负载率及时间等因素对金属离子的吸附性能的影响。结果表明，该树脂对 Cu^{2+}、Ni^{2+}、Zn^{2+} 和 Co^{2+} 离子的吸附量分别为 0.45 ～ 0.75mmol/g、0.34 ～ 0.64mmol/g、0.01 ～ 0.02mmol/g、0.08 ～ 0.21mmol/g。还有人研究了一种高立体选择性的催化剂——硅胶负载的壳聚糖-钴化合物（SiO$_2$-CS-Co），这种催化剂稳定且能多次重复使用而不影响其催化活性和选择性。

3. 壳聚糖及其衍生物对金属离子的作用机理研究

壳聚糖是一种经济、环保、高效且可再生的新型水处理剂，它不仅可以处理重金属离子污染的废水，而且还可以对重金属离子分类回收，是重金属离子处理领域研究的热点。虽然目前在壳聚糖对重金属离子吸附方面做了很多研究，但是在吸附机理方面则研究得不多，而且仍有较大争议。明确吸附机理对于吸附剂的设计和优化尤为重要，但是由于壳聚糖吸附重金属离子的复杂性，加之改性壳聚糖所用改性剂的不同，这些都有可能导致不同的吸附机理。吸附可能是一种机理单独起作用，也有可能是多种机理共同作用。因此，对壳聚糖及其衍生物对重金属离子的吸附机理不能一概而论，而应该分类或单独研究。目前已报道的吸附机理有：吸附机理、氢键机理、螯合机理、酸碱作用机理、离子交换机理、静电作用以及孔道阻碍机理。但是目前被大多数人认同且常用于解释壳聚糖及其衍生物对金属离子的作用机理的有以下几种：

（1）吸附机理。壳聚糖及其衍生物对重金属离子的吸附过程包括物理吸附、化学吸附以及生物亲和吸附。壳聚糖基吸附剂由于特殊的制备工艺，具有了特殊的物理性质，如多孔状、比表面积大等。这种特性不仅增大了其物理吸附的能力，而且也使大量的活性基团在吸附剂表面发挥化学吸附的作用，从而大大增加了吸附量。有学者研究了壳聚糖对 Co^{2+}、Ni^{2+} 和 Cu^{2+} 复合物的作用机理，首先将壳聚糖溶于乙酸溶液中，然后在玻璃板上铺展成膜，碱中和风干之后分别浸泡在 Co^{2+}、Ni^{2+} 和 Cu^{2+} 三种溶液中，得到了 CTS- Co^{2+}、CTS- Ni^{2+} 和 CTS- Cu^{2+} 三种壳聚糖金属复合物。通过红外光谱和 XPS 谱分析表明壳聚糖与三种金属离子的作用机理包括物理作用和化学吸附，化学吸附是氨基上的孤对电子与金属离子上的空轨道结合形成了配位键。

（2）螯合机理。螯合作用有别于其他机理，它是一个金属离子与多个给电子基团配位，形成具有环状结构的螯合物，这种类型的成环作用称为螯合作用。通过红外光谱和 XPS 等方法可以验证壳聚糖对 Cu^{2+} 和 Pb^{2+} 的吸附机理均为螯合作用，羟基未参与螯合作用，只有氨基是提供螯合作用所需孤对电子的基团。它们的吸附机理如图 3-9 所示。

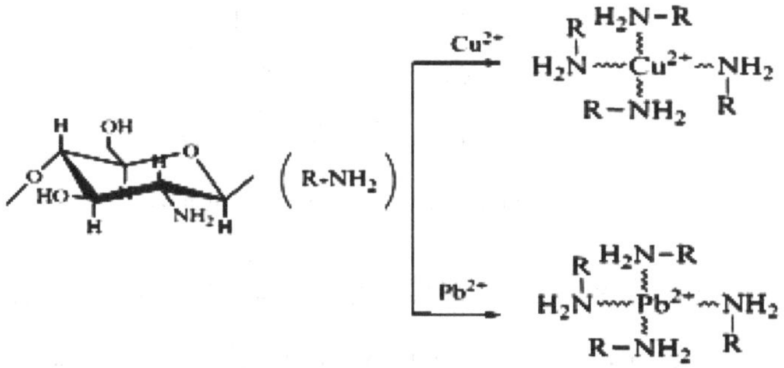

图 3-9　壳聚糖螯合吸附 Cu^{2+} 和 Pb^{2+} 的作用机理

（3）离子交换机理。壳聚糖及其衍生物对重金属离子的吸附机理受 pH 值的影响，在中性或碱性条件下，氨基上有孤对电子，吸附机理以螯合作用为主；在酸性条件下，氨基被质子化，氨基上的孤对电子与氢离子结合，质子化的氨基主要通过阴离子或阳离子相互交换的机理吸附金属阴离子或阳离子，即离子交换机理。有研究人员利用化学交联法制得了乙二胺改性磁性壳聚糖微球，并对 Hg^{2+} 和 UO_2^{2+} 进行了吸附研究，提出了在 pH 值小于 2.5 的条件下，此吸附剂对上述两种离子的吸附为离子交换机理。以 Hg^{2+} 为例，主要交换过程如下：

$$R\text{-}NH_2+HCl\rightarrow R\text{-}NH_3^+Cl^-$$

$$HgCl_2+Cl^-\rightarrow HgCl_3^-$$

$$R\text{-}NH_3^+Cl^-+HgCl_3^-\rightarrow R\text{-}NH_3^+HgCl_3^-+Cl^-$$

（4）静电作用机理。在酸性溶液中，壳聚糖分子中的氨基被质子化，以正离子的形式存在。当溶液中的金属离子化合物以负离子形式存在时，与壳聚糖会发生静电吸引作用。有人研究了壳聚糖对 Cr^{6+} 的吸附机理，通过红外和紫外光谱分析表明：壳聚糖分子中的 $\text{-}NH_3^+$ 与 $Cr_2O_7^{2-}$ 的吸附作用主要是以氢键形式存在的静电引力。两种离子结合在一起后的可能形式如图 3-10 所示。

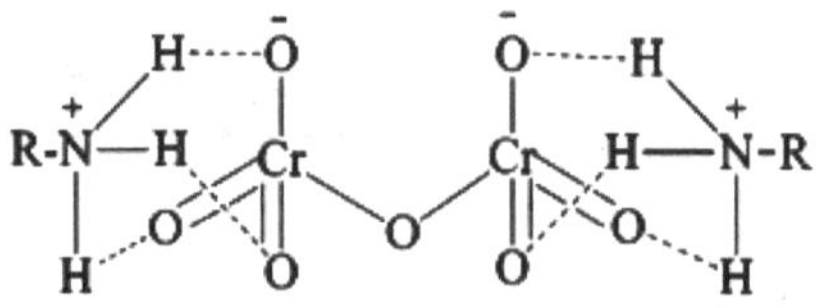

图 3-10　壳聚糖静电吸引 $Cr_2O_7^{2-}$ 的机理

若溶液中存在柠檬酸（L^-），铜离子也会以静电吸引的形式被吸附。在酸性的溶液中，铜会以 CuL^- 和 $Cu（OH）L^{2-}$ 的形式存在。当 pH 值小于 3 时，L^- 与壳聚糖吸引占主导作用，因此壳聚糖对铜离子的吸附量很低；当 pH 值大于 3 时，$Cu（OH）L^{2-}$ 与壳聚糖的作用占主导作用。壳聚糖对铜离子吸附的最佳 pH 值为 4.5～5.5。

4. 壳聚糖对有机物的吸附

壳聚糖对有机物的吸附有物理吸附、化学吸附和离子交换吸附。壳聚糖含有大量的羟基和氨基，可与其他有机分子，如蛋白质、氨基酸、核酸、酚类化合物、醌类化合物、脂肪酸等形成氢键、共价键或配位键而牢固结合。化学吸附是单层吸附，有选择性。物理吸附是通过静电引力、疏水交互作用、范德华力等的吸附，是多层吸附。壳聚糖在溶液中与废水中的离子进行离子交换反应是离子交换吸附，为等当量交换吸附。

（1）壳聚糖对各种染料的吸附。甲基橙作为一种典型的阴离子偶氮染料，在水溶液中被交联壳聚糖/纳米化磁赤铁矿膜吸附。通过制备接枝多壁碳纳米管的磁性壳聚糖实现了对相同阴离子染料的改善吸附,接枝氧化石墨纳米复合材料的磁性壳聚糖能够吸附有毒偶氮染料——活性黑 5。乙二胺或聚苯胺接枝改性的壳聚糖能分别吸附活性橙 7、酸性橙 10、活性红 4 和直接红 23 等阴离子偶氮染料.壳聚糖与氧化锆的磁性络合物是食品阴离子偶氮染料如苋菜红和四嗪的强效吸附剂。此外，将壳聚糖与聚乙二醇甲醚甲基丙烯酸酯接枝制备了复合吸附剂。加入壳聚糖的官能团对水中偶氮染料活性橙 16 的去除有促进作用。

由谷氨酸接枝的交联壳聚糖组成的可回收复合微球，其核心为 Fe_3O_4 纳米颗粒，表面包覆有二氧化硅，可吸附阳离子染料，如亚甲基蓝、结晶紫和浅黄色 7GL。制备具有氧化铁纳米颗粒核的两亲性 N-苄基-O-羧甲基壳聚糖复合材料，用于吸附亚甲基蓝、结晶紫和孔雀石绿。在壳聚糖基复合材料中加入环低聚糖 β-环糊精（β-CD），使其具有疏水内腔和亲水外壁。磁性壳聚糖-β-环糊精与接枝氧化石墨烯对亚甲基蓝的吸附性能有所改善。分子印迹技术是一种从水溶液中选择性去除染料的技术。随后将除去用作模板的分子或离子，并生成识别位点。以茜素红作为模板分子，印迹磁性壳聚糖纳米颗粒改善了染料的吸附性能。壳聚糖对酸性染料、活性染料、媒染料、直接染料都具有一定的吸附性。对酸性染料、活性染料的吸附效果优于甲壳素。有国外研究者经研究发现壳聚糖（脱乙酰度为 60%）对酸性染料 Chrome Violet 的吸附量是甲壳素的 8 倍。他们认为，Chrome Violet 结构中羟基上的氧原子与壳聚糖中氨基（包括酰胺基）上的氢形成了更多的氢键，从而使两者的吸附量不同；还有学者就壳聚糖对活性染料 Sumifix Supra 的吸附性能进行了研究，结果表明壳聚糖与活性染料之间主要为静电相互作用，壳聚糖对 Sumifix Supra 的吸附量明显高于甲壳素和活性炭，吸附过程明显受温度、pH 值、壳聚糖颗粒大小、染料的分子量和吸附时间等因素的影响。

（2）壳聚糖对蛋白质等有机物的吸附。壳聚糖可与蛋白质、氨基酸、脂肪酸等以氢键结合而形成复合物。用它可以回收食品加工厂废水中的蛋白质等有机物质。

　　在中性或微酸性条件下壳聚糖与蛋白质经吸附絮凝形成复合物。在碱性条件下，壳聚糖的氨基被还原为中性，而蛋白质胶粒仍带负电荷，两者静电引力被破坏，蛋白质溶解，而壳聚糖不溶解，两者被分开。用添加了壳聚糖的吸附剂回收食品厂废水中的蛋白质，回收率高达 97%。在处理肉制品厂废水的研究中发现，与其他絮凝剂、促凝剂相比，壳聚糖可以更有效地减少水的浑浊度和悬浮物，其商业价值更大。

　　为提高食品厂污水中的蛋白质回收效率，一般可将壳聚糖与其他吸附絮凝剂、助凝剂一起使用，使化学耗氧量（COD）去除率达到更高值。油脂加工厂污水用壳聚糖（添加量为 $5.0mg/dm^3$）处理后，其生物耗氧量（BOD）从 84mg/L 下降到 35mg/L，COD 从 1980mg/L 下降到 260mg/L，其有机物的回收率在 80%以上。

　　（3）壳聚糖对残留农药的吸附。用壳聚糖可以有效除去水中的 PCB（poly chlorinated biphenyls）、百草枯等农药。研究人员用 100g 壳聚糖除去 36L 含 PCB 的污水，去除率为 84%，它比活性炭的吸附作用更强；PCP（penta chloro phenol）是一种杀真菌剂，壳聚糖及其衍生物对 PCP 有很好的吸附性，将壳聚糖用戊二醛交联后，交联壳聚糖对 PCP 的吸附性有所增强。这是因为交联壳聚糖的网眼对 PCP 有截留作用。

　　（4）壳聚糖对 PPCPs 类有机物的吸附。近年来，药品和个人护理品（PPCPs）作为一种新兴的有机污染物，在地表水、地下水、饮用水、土壤和污泥中普遍被检出，引起了国内外广大环境工作者的重视，其在水环境中的污染及治理技术是近年发展起来的新方向。有国外研究者用一种比较简单的交联磁性壳聚糖-Fe_3O_4复合材料研究了 3 种药物在水中的吸附性能，研究表明对双氯芬酸（一种非甾体抗炎药）和氯贝丁酸（一种降血脂药）可以有效吸附，但对卡马西平（一种抗癫痫药物）并没有很好的吸附性。在不同的酸碱度下，水中的药物可以以阳离子、阴离子和中性离子的形式存在。因此，这些研究人员在最近的一项研究中设计了一种创新的、更复杂的三维壳聚糖基支架。将壳聚糖-Fe_3O_4 的磁芯与聚阳离子（聚 2-甲基丙烯酸氧乙基三甲基氯化铵）、聚阴离子（聚丙烯酸）或中性聚合物（聚甲基丙烯酸甲酯）接枝。由于电荷吸引作用，从水中去除双氯芬酸时，聚阳离子的扩散具有节省成本的作用。此外，还制备了带有接枝黏土（膨润土）和活性炭的磁性复合微球，以此来考察去除阳离子和阴离子药物的成本效益。

也有学者以磺酸盐或 N-（2-羧甲基）接枝交联壳聚糖为吸附剂，从污染水中去除多巴胺兴奋剂盐酸普拉克索；采用壳聚糖 MIL 101（Cr）制备的多孔复合微球对非甾体抗炎药布洛芬和酮洛芬进行了吸附研究；以抗表面活性物质卡马西平为目标物，采用基于壳聚糖-Fe_3O_4 纳米粒子的磁性分子印迹技术对药物进行选择性吸附等。

氯酚是一种扰乱内分泌并存在于制造废水中的化学药物，有学者研究了壳聚糖-γ-环糊精复合物对内分泌干扰物、多氯酚和双酚 A 的吸附性能，研究了交联壳聚糖/聚乙烯醇与微孔碳纤维共混制备的复合膜对水中双酚 A 的吸附性能。

3.1.3 缓蚀阻垢剂

如今整个工业中冷却循环水的用水量占到了 70%～80%，而在石油、化工、冶金和发电等工业中用水量比例更高，占整个工业用水的 90%以上。冷却水在使用的过程中由于不断地循环使用将会不断地浓缩，与此同时冷却水中的矿物质由于水的蒸发从而使得冷却水系统的管道设备受到腐蚀和结垢。因此，为了确保工业生产能够顺利进行和节约用水,在冷却水系统的运行过程中添加一些水质稳定的药剂,不仅能够防止管道的腐蚀和结垢,同时能够保证设备的正常运行。

水处理剂是为了保护设备进而对水质进行处理的重要材料。水处理剂按其作用的类别可以分为缓蚀剂和阻垢剂,在使用过程中依据系统补充水的水质情况选择阻垢剂、缓蚀剂或是二者的复合剂即为缓蚀阻垢剂。目前国家对环境保护的要求趋于更加严格,而且对于磷的使用已经被许多地区和国家(例如德国要求工业企业磷排放量不得大于 1mg/L)列入了工业企业禁限排放之中,因此环保型无磷绿色水处理剂的应用和开发已经成了水处理的研究发展方向,同时也是国内外关注的焦点。

1. 壳聚糖的阻垢性能

在 1980 年后随着有机阻垢剂 2-羟基-膦酰基乙酸被开发出来,阻垢剂配方的种类及组成也得到不断发展。在 1990 年后多氨基多醚基甲叉膦酸、膦酰基羧酸等一些有机磷酸盐被研发出来后,因其分子量大,已发展为工业水处理系统研发的重点。21 世纪以后,全球工业化进程的加速使得环境问题已然变得日益突出,同时国内外的研究逐渐开始追求一些无毒、无磷以及能够生物降解的绿色阻垢剂。

理想的阻垢分散剂应具备两个特性:①能分散 $CaCO_3$ 等难溶盐微粒,因为它们可成为垢晶中心,促进一次成核;②能减少或控制 $CaCO_3$ 等聚集成垢。天然有机物壳聚糖虽是近年研究的热门,但其阻垢性能长期以来一直未被发现。作为聚阳离子化合物,壳聚糖应该具有优于国内常用的阴离子型阻垢剂的良好阻垢性能。壳聚糖及其衍生物具有无毒、无味、耐碱、耐热、耐晒、耐腐蚀、不畏虫蛀等特点,因此可广泛应用于水处理领域,是一种性能优良、开发应用前景广阔的新型水处理材料。例如，羧甲基壳聚糖对 Ca^{2+}、Sr^{2+}、Ba^{2+} 均具有阻垢效果，其阻垢性能主要表现在结构式中含有羧基（-COOH）和亚氨基（-NH-）等官能团，使其与金属阳离子有较好的螯合能力，能附着在垢的表面，同时二者在水溶液中产生同种电荷的离子，相互排斥，进而阻止垢的形成。有人利用马来酸酐、苯乙烯磺酸钠、丙烯酰胺和壳聚糖制备防垢剂共聚物改性壳聚糖，该防垢剂是一种优异的碳酸钙结垢抑制剂。磺化低聚壳聚糖对硫酸钙和磷酸钙的阻垢率最大能达到 88% 和 84%，马来酰化壳聚糖对碳酸钙和硫酸钙的阻垢率均在 90% 以上。机理上研究人员认为首先是壳聚糖分子上的氨基对碳钢表面上的吸附作用，然后是通过羟基来吸附。在金属表面上的吸附强度和壳聚糖的相对分子量以及形成的缓蚀膜有很大关系，分子质量越大，壳聚糖平铺后吸附在表面上的膜也将会越牢固，由此可以说明壳聚糖的分子量与其缓蚀率有着非常密切的关系。

壳聚糖由于自身的局限性尚不足以被工业大规模使用，因此目前通过壳聚糖改性来提高其阻垢性能的研究慢慢地多了起来。有学者提出了利用壳聚糖和丙烯酰胺接枝共聚的方法，即将硝酸铈铵作反应的引发剂，通入氮气保护，并控制 m（丙烯酰胺）:m（壳聚糖）=1:4，温度为 45℃，进行接枝共聚反应 3.5h，制备出新型壳聚糖改性的聚合物，研究发现，这种聚合物的阻垢性能比壳聚糖更好。

2. 壳聚糖的缓蚀性能

在水处理过程中，金属材料仍是目前最主要的腐蚀材料，腐蚀过程是金属材料与其所处的环境产生了物理化学的反应,而发生的物理化学反应将会使金属材料之间的性质产生改变的一种现象。腐蚀按照其过程的特点可以划分为 3 类：化学腐蚀、电化学腐蚀以及生物化学腐蚀。

在 20 世纪中叶，欧美等一些国家研制出了用于保护石油管道和开采设备的油气井酸化缓蚀剂，同时随着化工和水运等行业的飞速发展，一些用于化工设备和船舶的缓蚀剂也被开发了出来。到 1960 年，多种无机缓蚀剂性能的研究发现，无机缓蚀阻垢剂（例如铬酸盐、亚硝酸盐等）具有优异的抑制效果，但是却忽视了环境问题。21 世纪至今在冷却水系统中用得较多的还是一些含磷的缓蚀剂，这些含磷缓蚀剂具有耐高温、投加量少等优点，但是含磷缓蚀剂会导致湖泊水体富营养化，而美国、德国等国家已经出台了对含磷处理剂使用的限制措施。近年来，随着社会环保意识的增强，绿色、环境友好型缓蚀剂引起了人们的密切关注。环境友好型缓蚀剂主要包括天然高分子衍生物和天然植物提取物两大类。壳聚糖作为一种天然高分子产物，其分子中大量游离氨基或是乙酰胺、羟基所提供的孤对电子能够很好地与金属发生吸附，从而保护金属免受腐蚀介质的侵袭。目前，人们对壳聚糖类缓蚀剂开展了较多的研究，比如通过功能化修饰或化学改性壳聚糖，不仅提高其在水系腐蚀介质中的溶解性，还使得其成为一种无毒性、活性较强的高效缓蚀剂。随着对壳聚糖及其衍生物研究工作的不断推进，其应用领域也在不断扩大，充分展示了巨大的应用潜力。

有国外研究人员通过失重、电位极化曲线和电化学阻抗测试，表明先溶于 0.3mol/L 乙酸再溶于 0.1mol/L HCl 溶液的壳聚糖，在浓度为 2.8μmol/L 时缓蚀率达到 68.9%，且当腐蚀介质温度增加到 60℃ 时缓蚀率达到 96%，同时表明，壳聚糖对碳钢的吸附符合 Langmuir 等温模型。研究人员还对金属铜的缓蚀机理进行了探究，结果表明壳聚糖在 Cu 表面的吸附主要以化学吸附为主，物理吸附为辅。壳聚糖的化学吸附主要是由于壳聚糖中的杂原子（N、O）的自由电子对和金属 Cu 的 d 空轨道之间的相互作用形成薄的吸附层，进而降低了

Cu 的腐蚀速率。此外，金属表面和缓蚀剂分子很有可能通过静电力的作用将缓蚀剂吸附于金属表面，从而形成保护膜抑制腐蚀介质的侵袭。研究人员构建的壳聚糖在 Cu 表面的吸附模型如图 3-11 所示。

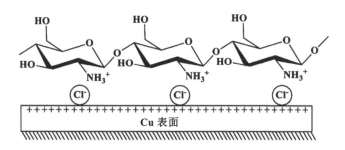

图 3-11　壳聚糖在 Cu 表面的吸附模型

虽然大量的文献报道了壳聚糖对金属具有一定的缓蚀性，但是壳聚糖分子间和分子内强烈的氢键作用使得壳聚糖溶解性很差，在使用前必须先将其溶于弱酸中，最后溶于盐酸或硫酸中，这就大大限制了壳聚糖直接作为缓蚀剂的广泛使用。

3. 壳聚糖衍生物缓蚀性能研究进展

为解决壳聚糖在水和一般有机溶剂中溶解性差这一缺陷，研究人员发现壳聚糖糖残基上的 3 种活性官能团（伯羟基、仲羟基和氨基）上含有活泼氢与孤对电子，因此可通过控制反应条件将其他活性基团引入到壳聚糖上，生成具有多种功能的衍生物。这些衍生物具有的独特的生物活性和官能团的可塑性，使得其在金属防腐蚀方面有着广阔的应用前景。

目前，在缓蚀剂领域壳聚糖的酯化反应主要是磷酸酯化。磷酸酯化是壳聚糖与磷酸在甲醛中的反应。壳聚糖磷酸酯化所得的壳聚糖衍生物在水相腐蚀介质中具有较好的溶解性、耐热性以及对重金属离子具有较强的选择性。有国内研究者利用壳聚糖与磷酸制备出壳聚糖磷酸酯缓蚀剂，其分子结构如图 3-12

所示，并通过极化曲线和电化学阻抗法研究了该类缓蚀剂在 1mol/L HCl 和 1mol/L 的 H_2SO_4 溶液中对碳钢的保护性，认为此类缓蚀剂都能较好地抑制碳钢的腐蚀行为，而且在 1mol/L HCl 中碳钢的腐蚀速率随着缓蚀剂浓度的增加而降低，在 100mg/L 时，腐蚀速率降低至 $0.5073g/(m^2 \cdot h)$，缓蚀效率达到 74.27%；在 1mol/L H_2SO_4 中碳钢的腐蚀速率随着缓蚀剂浓度的增加先降低后升高，在 50mg/L 时缓蚀效率达到 54.70%。研究者同时在海水体系中用失重法和电化学法分析了壳聚糖磷酸酯对 Q235 钢的防腐蚀性能。结果表明，当加入的壳聚糖磷酸酯浓度为 300mg/L 时，缓蚀效率达到 88.71%；且当金属处于温度较高的腐蚀环境时，壳聚糖磷酸酯对金属仍有较高的缓蚀效率和更持久的防腐蚀效果。

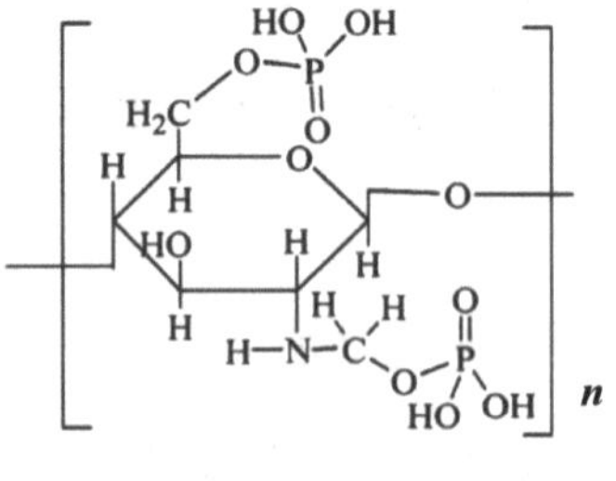

图 3-12　壳聚糖磷酸酯

磷酸酯化壳聚糖能够解决壳聚糖在金属防腐蚀时使用温度范围窄、投入量大、溶解度不够高（特别是在弱酸介质和水介质中）、长效缓蚀性能不足等问题，但是磷酸酯衍生物在实际应用中因富营养化，易受环境因素影响，其保护效果不佳，故其应用范围有限。利用季铵盐的高位阻和强水合力去改性壳聚糖，将壳聚糖氨基席夫碱化，再将席夫碱还原后与活性卤代烃反应转化为季铵盐，使得壳聚糖分子内和分子间的氢键作用大大削弱，溶解性得到大幅提高，进而可以提高壳聚糖的缓蚀效率。例如，通过 2-羟丙基三甲基氯化铵和缩水甘油基三甲基氯化铵对壳聚糖进行改性。也可以用含氮类有机物，例如，氨基硫脲、硫代碳酰肼、硫氰酸铵、胍乙酸、聚苯胺和四乙烯五胺等改性壳聚糖。研究表明通过氨基硫脲与改性壳聚糖制备的氨基硫脲改性壳聚糖（TSFCS）以及利用硫代碳酰肼与改性壳聚糖制备的二氨基硫脲改性壳聚糖（TCFCS），当缓蚀剂的浓度为 60mg/L 时对 304 不锈钢缓蚀率达到 92%。硫脲衍生物类壳聚糖对碳钢具有一定的缓蚀效果，但是将氨基硫脲改性壳聚糖作为缓蚀剂时其溶解性较差，只能溶于弱酸介质中；乙酰硫脲壳聚糖的溶解性较好，只是在低浓度条件下表现出较高的缓蚀性，当浓度升高时缓蚀性减弱。

壳聚糖及其衍生物能够有效地与表面活性剂进行复配，人们通过加入一定量的表面活性剂来降低缓蚀剂的投入量，同时提高复配缓蚀剂的缓蚀效率。例如可以将水溶性壳聚糖与十二烷基苯磺酸钠和焦磷酸钠进行复配，对 Q235 钢的缓蚀性能开展实验，采用动电位极化和电化学阻抗技术研究此类复配缓蚀剂，对比的结果表明，缓蚀率由 68.48% 提高到 78.90%；当水溶性壳聚糖与十二烷基苯磺酸钠与焦磷酸钠以质量浓度比按 5∶1∶0.5 复配时，缓蚀效率最高达到 91.40%。其原理可能是表面活性剂提高了壳聚糖缓蚀剂的亲水性，降低了表面张力和界面张力，同时表面活性剂之间通过竞争吸附和协同效应使得吸附膜更加均匀、致密，从而大幅提高了缓蚀剂的缓蚀效率。

壳聚糖是自然界产量第二的高分子产物，是甲壳素经脱乙酰化而得到的高分子产物，具有来源广、环境友好、易采集、易降解等优点。通过对其特定功能进行改性，可制备出具有多种功能的壳聚糖衍生物，尤其是抑制金属腐蚀的衍生物。但是，目前对壳聚糖及其衍生物在缓蚀剂方面的研究及应用还存在诸多的问题亟待解决，比如改性方法研究较多，然而对缓蚀应用和缓蚀机理研究较少；缓蚀评价方法简单；改性成本较高和无法克服被改性后衍生物的溶解性弱等问题。因此，在合理利用壳聚糖丰富资源的同时研究绿色、廉价、高效和水溶性良好的壳聚糖类缓蚀剂，并对其进行更深入、更系统的机理研究，对壳聚糖及其衍生物缓蚀剂的潜在应用具有重要的指导意义。

3.1.4　污泥脱水调理剂

在污水处理过程中会产生大量污泥，污泥中含有大量的游离水、絮体水、毛细水和内部水，含水率很高，一般都在95%～99.5%之间，因此必须对其进行处理，以降低污泥含水率，大大减小污泥体积，以便于污泥的最终处置。因此污泥脱水是污泥处理的重要环节，由于污泥比阻大，因而过滤脱水性能差，尤其是活性污泥，其有机物含量高（60%～80%），颗粒细（0.02～0.2nm），密度小（1.002～1.006g/cm^3），呈胶体结构，是一种亲水性污泥，容易管道输送，但脱水性差。衡量污泥脱水性能的研究常着眼于污泥过滤的难易，即滤速的快慢，人们常用的两个指标是比阻抗值和毛细吸水值。污泥的比阻抗值是国内外广泛采用的衡量污泥过滤性能的综合指标，用来评价污泥脱水的难易，它在污泥处理中应用十分广泛，尤其是用于污泥脱水性能比较与污泥化学调理剂的选择和投加量的确定。污泥脱水的关键是改善污泥的脱水性能，即对污泥进行调质，调质就是投加无机或有机絮凝剂于污泥中，减少污泥与水的亲和力，改变污泥中水分的存在形式，从而达到相对易于脱水的目的。污泥调理方法有许多，比如加热调理法、冷冻调理法等，其中絮凝剂调理脱水操作简单、效果好，因此在许多污水处理厂得到广泛应用。目前多采用的絮凝剂有阳离子聚丙烯酰胺（PAM），此药剂絮凝效果好，易于污泥脱水，但其残留物，特别是丙烯酰胺单体是很强的致癌物质，因此寻求其替代物是一项很有意义的工作。

污水处理厂的污泥中以含有机成分的亲水性胶质微粒为主，胶粒 Zeta 电位负电性较强，无机絮凝剂 PAC 有强烈的电中和及黏结架桥作用，壳聚糖同无机絮凝剂相比其电中和能力相对较差，但它可以充分发挥其吸附架桥的优点，快速形成大的絮体，易于分离。另外无机絮凝剂 PAC 形成的絮体较小，比较密实，壳聚糖形成的絮体较大，相对来说比较疏松，由此可见如果把 PAC 和 CTS 合复复合使用，所带的正电荷明显加强，对负电荷颗粒物的中和能力显著提高，提高了污泥的脱水性，而且还可以降低水中残留铝的浓度，同时也降低了单独使用壳聚糖的成本。本节就是以活性污泥为研究对象，通过分别使用聚氯化铝、壳聚糖及两种絮凝剂复合调理活性污泥，测定比阻抗值和不同时间滤液的体积以及沉降性来衡量活性污泥的脱水性，对比它们的脱水效果，从中确定最佳的污泥调理剂及其投加量。污泥比阻抗值是表示污泥过滤和脱水性能的重要参数，一般说来，比阻抗值大于 1×10^{13} m/kg 的污泥难以脱水，比阻抗值小于 1×10^{11} m/kg 易于脱水，许多研究发现比阻抗值为 1×10^{12} m/kg～4×10^{12} m/kg 时较为经济。在实验中，可从经济和效果两方面的角度出发来考察活性污泥的脱水性。

比阻测定实验装置如图 3-13 所示。

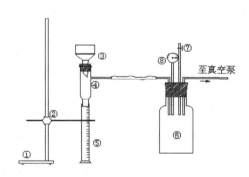

①—铁架台；②—万用夹；③—ϕ80mm 布氏漏斗；④—三通连接器；
⑤—100mL 具塞刻度量筒；⑥—稳压瓶（2.5L 广口瓶）；⑦—排气阀；⑧—真空表

图 3-13 比阻测定实验装置

通过实验研究可以看出，加入 1mL PAC 比阻降低 39.7%，加入 1mL CTS 比阻降低 60.8%，1mL CTS 复合一定量 PAC 比阻降低 74.5%，在污泥相同的情况下，加入同样量的壳聚糖，如投加量为 3mL，单独加壳聚糖比阻从 20.15×10^{12}m/kg 下降为 5.4×10^{12}m/kg，但复合一定量的 PAC 后，比阻从 20.15×10^{12}m/kg 下降为 3.5×10^{12}m/kg，说明 PAC 复合 CTS 对污泥脱水效果非常好，这是因为先加入无机絮凝剂充分发挥 PAC 强烈的电中和作用，破坏污泥的稳定性，而后加入壳聚糖增强了电中和的能力，二者协同发挥架桥和网捕作用，所以取得了很好效果。

污泥脱水性能是指污泥脱水难易程度，通过在一定时间内经过滤所得滤液的体积的多少，可以比较不同絮凝剂的脱水性能，滤液越多，则说明絮凝剂的脱水效果越好。

图 3-14 是分别投加 3 种絮凝剂（投加量均为 3mL，PAC 与 CTS 体积配比为 2∶1）时滤液体积随过滤时间的变化曲线。从图 3-14 可以看到，未加絮凝剂的活性污泥过滤得最慢，而投加 3 种絮凝剂后原污泥的过滤性能都得到了改善，壳聚糖的效果要优于 PAC，这是因为壳聚糖复合絮凝剂的改善效果最好，在不到 3min 的时间滤液就达到最大，如果不加絮凝剂即使 30min 滤液也未达到复合絮凝剂的量。可见，对于难脱水的活性污泥，实验表明 PAC 与 CTS 都具有调理作用，均能改善污泥的脱水性能，减少污泥与水的亲和力，PAC 与 CTS 相比，CTS 调理的作用比较显著且 CTS 用量仅为 PAC 投加量的 1/20，但 CTS 调理后的污泥生成的絮体大且疏松，PAC 在使用时存在投加量大且提高了 Al^{3+}在水中的浓度的缺点，若二者复合使用，比阻降低的幅度将增大，能够更好地发挥无机和有机絮凝剂的优点又避免了二者的不足，所以把无机絮凝剂和有机高分子絮凝剂复合使用处理污泥将具有广阔的市场。在实际应用中，由

于活性污泥的来源不同,其所含的有机物及其成分不同将造成各种絮凝剂的投加量不同,絮凝剂的投加量对污泥脱水影响较大,加量不足,矾花难形成或形成很小,过量会恶化污泥的脱水性,因此针对不同的污泥应该根据实验数据选择合适的投加量及 PAC 与 CTS 配比。

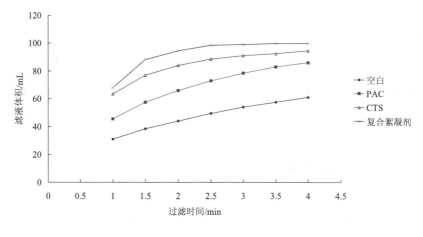

图 3-14 滤液体积随时间的变化

最新的研究表明,阳离子型壳聚糖接枝共聚物与壳聚糖的脱水性能相比较,其脱水性能明显好于壳聚糖,且其为水溶性的,弥补了壳聚糖水溶性差的缺点。壳聚糖可以有效地增强活性污泥的絮凝效果,且絮凝效果取决于壳聚糖的脱乙酰度和分子量的大小,要达到相同的絮凝效果,脱乙酰度为 85%比脱乙酰度为 70%的壳聚糖所需要剂量更少,此外,低分子量壳聚糖的絮凝效果优于高分子量壳聚糖的絮凝效果。

3.2 磁性壳聚糖微球的制备与性质

磁性壳聚糖是一种高效、环保、经济和可持续使用的新型水处理剂,可解决现在水处理中存在的很多问题，因此在水处理中的应用越来越为人们所重视。目前制备磁性壳聚糖的方法主要有悬浮聚合法、乳液聚合法、包埋法及分散聚合法等。磁性壳聚糖含有-OH、-NH$_2$等基团，其中的壳聚糖分子包裹在纳米磁性粒子周围。因此，磁性壳聚糖具有比表面积大、多孔、粒径分布窄等特性，同时具有易回收、再利用的优点。

磁性壳聚糖微球扩大了磁分离技术在水处理中的应用范围。磁分离技术处理对象是具有磁性的废水，而磁性壳聚糖及其衍生物可以很好地吸附各种物质，再通过外加磁场将水中污染物质快速去除，这样又使得磁分离技术在各种情况的水处理工程中的广泛应用成为可能。

3.2.1 磁性壳聚糖微球的制备

壳聚糖是一种天然有机高分子，与无机磁性颗粒的亲和性并不好，如何将磁性颗粒均匀地分散在高分子材料中是成功制备高分子磁性微球的关键。近几年的研究表明，磁性高分子壳聚糖微球的制备方法可分为包埋法、单体聚合法、原位法等。

1. 包埋法

包埋法是制备磁性高分子微球最早的一类方法。它是运用机械搅拌、超声分散等方法使磁性粒子均匀悬浮于高分子溶液中，通过雾化、絮凝、沉积、蒸发等手段制得磁性高分子微球。为了提高微球的稳定性，可用交联剂交联高分子壳层等进行稳定化处理。有国外研究者将磁性粒子悬浮于聚乙烯亚胺（PEI）溶液中，通过过滤、干燥处理得到外包PEI的磁性微球。还有学者将磁性粒子与牛血清白蛋白和棉籽油进行超声处理，然后加热至 105～150℃，得到外包牛血清白蛋白的磁性微球。

包埋法得到的磁性微球其磁性粒子与外壳层高分子之间的结合主要通过范德华力（包括氢键）、磁粒表面的金属离子与高分子链的螯合作用、磁性粒子表面的功能基团与高分子壳层功能基团以共价键相结合。利用包埋法制备磁性高分子微球需要的条件简单，易于进行，但制得的粒子粒径分布宽，形状不规则，粒径不易控制，壳层中难免混杂一些诸如乳化剂之类的杂质，极大地限制了磁性微球的应用。同时该法仅限于某些可溶的聚合物，且需要分离设备和能源耗费。

2. 单体聚合法

单体聚合法是在磁性粒子和单体存在时，加入引发剂、表面活性剂、稳定剂等进行聚合反应，得到内部包有磁性微粒的高分子微球。迄今为止，单体聚合法制备磁性微球的方法主要有：悬浮聚合法、乳液聚合（包括无皂乳液聚合、种子乳液聚合）法、分散聚合法等。

（1）悬浮聚合法。悬浮聚合法制备磁性高分子微球的主要原理是在磁粉、悬浮稳定剂和表面活性剂存在的条件下，依靠引发剂的作用使一种或几种单体在磁性粒子表面发生均聚或共聚，将磁性粒子包裹在聚合产物中。有学者采用微悬浮聚合合成了粒径范围为 $0.05 \sim 10 \mu m$ 的憎水交联复合磁性微球。在该发明中，磁性微粒集中于微球的内部，即复合微球的壳体几乎不含磁性颗粒。但所得微球中仍有大于 10% 的不含磁粉的"空白"微球，需要在磁场下加以分离。悬浮聚合法具有微球粒径分布宽的缺点，目前研究较多的是乳液聚合法和分散聚合法。

（2）乳液聚合法。乳液聚合法是目前应用较多的一种制备磁性高分子微球的方法，无皂乳液聚合、种子乳液聚合也都归属于这一类方法。乳液聚合法制备磁性毫微粒具有操作简便、设备简单等优点，而且所制备的微球具有粒径小（约为几百个纳米）、粒径分布窄、粒子可控等优点，因此是制备磁性毫微粒比较理想的方法。有国外研究者在分散有磁性粒子的水相体系中乳化单体，得到稳定的乳化体系，然后应用乳液聚合法得到了胶体尺寸的疏水磁性高分子微球。国内学者利用乳液聚合法，制备出单分散的亚微米级磁性微球，研究了分散介质、单体、种子粒子及 pH 调节剂等因素对聚合行为和磁性微球的影响。还有人采用乳液聚合法制备了同时具有导电性和磁性能的 Fe_3O_4-聚吡咯纳米球，饱和磁化强度为 23.4emu/g，可用作电磁材料。

（3）分散聚合法。利用无皂乳液聚合技术难以得到粒径大于 1μm 的磁性高分子微球，而当磁性高分子微球用于细胞分离、固定化载体的领域时，为了能在磁场下快速分离，最好利用粒径大于 1 μm 的磁性高分子微球。分散聚合法对于合成大粒径、单分散性的磁性高分子微球具有得天独厚的优势。同时，该方法是向微球表面引入功能基最为方便的方法。分散聚合法是指一种由溶于有机溶剂（或水）的单体通过聚合生成不溶于该溶剂的聚合物，而且形成胶态稳定的分散体系的聚合方式。有国内学者采用分散聚合法，以乙醇/水为介质，在 Fe_3O_4 磁流体存在时，通过苯乙烯与聚氧乙烯大分子单体共聚制备两亲磁性高分子微球。国外研究人员在磁流体、有机溶剂、单体、稳定剂、共稳定剂、引发剂共存的条件下利用分散聚合法合成了粒径范围为 0.1～5μm，磁含量为 0.5%～50%，粒径分布标准偏差不大于 15% 的单分散疏水磁性高分子微球。

3. 原位法

该法首先制得致密或多孔聚合物微球，此微球含有可与铁、钴、镍、锰等金属离子结合的成健基团-NH_2、-NO_2、-$COOH$、-SO_3H、-OH，依靠高分子在金属盐溶液中的溶胀以及功能基团与金属离子的作用来制备磁性高分子微球。如果含有-NH_2、-NH、-$COOH$ 等基团，可直接加入合适比例的二价和三价铁盐溶液，使聚合物微球在铁盐溶液中溶胀、渗透，再升高温度和 pH 值，制得磁性高分子微球；如果含有-NO_2、-ONO_2 等氧化性基团，可加入二价铁盐，使其氧化而得到磁性高分子微球；如果含有-NH、-NH_2 等还原性基团，可加入三价铁盐，使其还原而制得磁性高分子微球。

原位法的突出优点在于：①磁性微球的粒径和粒径分布取决于聚合物微球本身，因此磁性微球具有良好的单分散性；②每个微球磁含量相同，从而保证所有磁性微球在磁场下具有一致的磁响应性；③可以制备各种粒径的致密或多孔磁性高分子微球，且可制备磁含量大于 30%的高磁含量微球。其缺点在于：①对聚合物的要求比较严格，一般不适用于那些不含上述基团的高聚物；②磁性粒子在聚合物微球表面的沉积，导致所制微球表面不平滑。

3.2.2　磁性壳聚糖微球的性质

磁性壳聚糖微球独特的结构决定了其特性，它主要由两种材料复合而成，且粒径尺寸小，所以会表现出两种材料的特性。

（1）小尺寸效应。小尺寸效应主要指体积效应和表面效应。表面效应是指粒子表面的原子数和总的原子数之比，当粒子粒径非常微小时，二者之比就会急剧增大，并且表面原子的结合能远大于内部原子，最终呈现出表面能急剧增加的状态。当表面能较高时，易与其他原子进行结合才能得以稳定，从而影响了粒子表面的化学特性。体积效应是指超细微粒子内部包含的原子较少从而使带电能级加大，能级间歇不能连贯，物理特性可能会发生异常。以上两种特性最终可表现出磁性微球比表面积大，对特定物质吸附能力强，且达到吸附平衡的时间短，粒子不稳定，较容易团聚。

（2）磁响应性。磁性微球具有超顺磁性，可以在外加磁场的作用下定向移动和聚集。当磁性微球的粒径小于临界范围时，在环境温度低于居里温度高于转变温度时，其顺磁率远高于一般的磁性材料，则称磁性微球具有超顺磁性。在外加磁场消失后，磁性微球不会具备磁性，不会发生永久磁化的现象。

（3）生物相容性。生物相容性是生命组织对外加材料的相容程度。生物相容性越好，材料在该领域的应用范围越广。磁性壳聚糖微球的外壳为大分子多糖，对人体及各种细胞无毒无害，可降解，不会影响生命组织的正常代谢生长，是药物载体的理想材料。

（4）功能团特性。壳聚糖表面含有多种功能性官能团，如羟基-OH、羧基-COOH、氨基-NH_2，可连接具有生物活性的物质，如免疫蛋白、生物酶等，也可连接各类酚类物质，用于工业废水的净化。壳聚糖还可进行改性修饰，以适用于物质的特异性吸附。

3.2.3 磁性壳聚糖水处理机理

（1）吸附机理。磁性壳聚糖水处理的吸附过程主要是物理吸附、化学吸附、物理化学综合吸附和生物亲和吸附几种吸附。磁性壳聚糖微球对水中的污染物质有物理吸附作用是由于其比表面积大、多孔等特性。分子链上大量的-OH、-NH_2活性基团可以通过氢键作用吸附有机物，同时结合质子后形成的-NH_3^+表现出阳离子型聚电解质的作用，可以吸附水中带负电荷的污染物质。对于像造纸废水这样成分复杂的污水，物理和化学吸附会共同作用。壳聚糖良好的生物亲和性可用于含蛋白质、淀粉等物质的食品废水处理。

（2）螯合机理。磁性壳聚糖为多孔结构，表面含有的-OH、-NH_2等含有孤对电子的基团，对多种金属离子具有选择性螯合作用。随着磁性壳聚糖对金属离子的去除，溶液中氢离子没有增加，磁性壳聚糖对 Cu^{2+}、Hg^{2+}、Au^{3+}、

Zn^{2+}、Ni^{2+}、Mn^{2+}等有较强的螯合作用,其中对 Au^{3+}、Cu^{2+} 和 Hg^{2+} 的选择性较好。利用螯合机理可以选择分离废水中的金属污染物质。

(3)絮凝机理。磁性壳聚糖是带正电、阳离子型聚电解质,可与带负电荷的污染物质电性中和、压缩胶粒的双电层厚度,使微粒间相互碰撞而产生絮凝作用,从而沉降;也可以对废水中的微粒起吸附架桥的絮凝作用;磁性的作用也可以使粒子之间相互聚集形成网状结构而捕集水中的悬浮物质。

(4)孔道阻碍机理。国外研究者在进行用磁性壳聚糖去除 Cr^{2+} 的实验研究时发现直径为 3mm 的微球的单位面积的吸附量是直径为 1mm 的微球的两倍多,说明吸附量与表面积大小不成比例。于是他用孔道阻碍机理来解释这种现象:金属离子大部分是吸附在微球的表面而不进入内部,由于表面的氨基部位优先与金属离子结合,其他的金属离子被阻挡而很难进入孔内与氨基结合。

(5)磁性作用机理。磁性可促使壳聚糖在酸性溶液中保持稳定,同时还可以和磁分离技术结合使用,通过磁场的作用快速回收再生使用。磁性还可以改变水中微粒表面的电荷分布,通过压缩双电层将污染物质相互聚集,形成絮凝体沉淀。

(6)再生机理。磁性壳聚糖主要通过氨基的质子化来吸附、螯合废水中的金属物质,其中一个主要的反应表达式如下:$R-NH_3^+ + Me^- \rightarrow R-NH_3^+Me^-$(Me 为污染物质)。因此可以通过 NaOH、NaCl 和 HCl 溶液来进行再生,研究发现 NaOH 溶液或者 NaOH 和 NaCl 的混合溶液再生能力比其他溶液的再生能力要强。强碱的作用可能是改变了壳聚糖和污染物质之间的带电性,使得静电作用减弱,从而很容易把污染物质脱附下来。

3.2.4　磁性壳聚糖在水处理上的应用

1. 有机废水处理

（1）高蛋白含量的食品废水处理。壳聚糖对食品废水中的蛋白质、淀粉有很强的生物亲和性，因此壳聚糖可作为絮凝剂分离并回收食品加工废水中的蛋白质、淀粉等。磁性壳聚糖微球的应用将改进原来的技术，水处理更高效；配合磁场更方便地回收所需要的物质，并且最终排放的废水不产生二次污染。曾有研究表明采用磁性壳聚糖微球吸附的方法将大豆乳清废水中的蛋白质回收，磁性壳聚糖微球对食品废水中的蛋白质去除率高达 95.6%。

（2）造纸废水处理。研究人员以磁性 Fe_3O_4 纳米粒子作为内核，戊二醛为交联剂，制备出了单分散、粒径分布窄的强磁性微球，对造纸厂废水进行处理，经反复试验后得到最优工艺条件：废水的 pH 值在 6.0～9.0，空气流量为 5.0L/min，反应时间只有 4.0h，COD 的去除率为 85%以上。

（3）染料废水处理。采用磁性壳聚糖微球对染料废水进行脱色的研究，表明磁性壳聚糖微球在最佳吸附条件下具有脱色速度较快、吸附量较大、处理的 pH 值范围大、吸附剂用量少、吸附剂易分离、可再生等优点，反应 1h 对印染废水色度的去除率为 98%以上。2020 年，有处理染料废水的专利采用羧甲基壳聚糖和 Fe_3O_4 配制成混合溶液，然后将混合液加入含有分散剂司班 80 的环己烷油相环境中，形成均匀分散的水-油悬浮液，最后以戊二醛作为交联剂，通过反相乳液交联法制备磁性羧甲基壳聚糖微球。此法具有操作简单、合成时间短、成本低廉的优势，适合大规模工业化生产，所得产品用于处理含阳离子染料的废水，去除效果明显优于同类产品，并具有良好的可再生性和抗盐性能。

（4）抗生素废水的处理。最新专利有用改性磁性壳聚糖去除水中四环素的，首先制备磁性壳聚糖，然后通过戊二醛交联，利用环氧氯丙烷和乙二胺改性接枝即得到乙二胺改性磁性壳聚糖。将其与过氧化氢联合，再应用于水中四环素的去除。该方法充分发挥改性材料的磁学特性、吸附特性以及 Fenton 催化氧化特性，形成的非均相类 Fenton 反应体系可同时发挥壳聚糖交联体的吸附作用和纳米四氧化三铁的催化性能，在对水中四环素吸附的基础上实现对其完全降解，大大提高了四环素的去除率，解决了单一吸附对于四环素去除效果不理想的问题。该法处理过程易于控制，pH 适用范围较传统 Fenton 技术广，应用前景较好。

2. 含重金属废水的处理

用羧甲基化磁性壳聚糖纳米颗粒对 Cu^{2+} 吸附能力进行反复试验研究，得出 pH 值为 2～5 时，随着 pH 值的增加吸附量不断增加，1min 就能达到吸附平衡，最大吸附量可达 21.5mg/g。将其与 Fe_3O_4 交联制得平均粒径为 13.5nm 的磁性纳米颗粒，结果显示对 Co^{2+} 进行吸附的最佳优化条件为 pH 值为 5.5，最大吸附量为 27.5mg/g。还有学者用反相乳液分散化学交联方法制备了粒径为 50～80mm 的磁性壳聚糖微球，后经乙二胺改性，制备了改性磁性壳糖微球（EMCS），用于吸附重金属离子，并考察了对 Cu^{2+}、Cd^{2+} 和 Ni^{2+} 的吸附性能。结果表明，pH 值是影响吸附能力的重要因素，饱和吸附量为 Cu^{2+} 最大、Cd^{2+} 次之、Ni^{2+} 最小。2020 年，有利用壳聚糖改性磁性碳核壳吸附剂吸附水体中络合态三价铬的发明专利。该法将二茂铁用作碳源和铁源，通过水热法合成具有高比表面积和丰富含氧官能团的磁性碳核壳材料，再将三甲基甘氨酸作为修饰剂完成壳聚糖对磁性碳核壳材料表面功能化改性。壳聚糖有大量活泼的羟基和氨基，可以与未完全络合的三价铬发生配位作用，并且在酸性条件下可使氨基质子化，从而对带负电荷的络合态三价铬进行静电吸附。

3.3　壳聚糖基分离膜

膜分离是一项新兴的高效分离技术，即用半透膜作选择分离层，允许某些组分透过而保留混合物中的其他组分，从而达到分离目的的技术总称。1748 年，法国学者 Abbe Nollet 首次提出了膜分离概念，经过近两个世纪的摸索、研究，直到 20 世纪 50 年代，基于高分子合成技术的应用和发展，高分子膜作为一种新型材料的研究才逐渐形成了一个新领域，并产生了膜分离科学。1960 年，著名的加拿大国家研究院反渗透膜理论创始人 Sourirajans 博士与他的同事 Loeb 合作，成功地研制出第一张非对称性、具有高截留率与高水通量的反渗透膜。1963 年，第一台膜渗析器的诞生开创了膜分离技术的新纪元，在此之后二三十年，该技术得到了迅猛的发展，在各个工业领域及科研中得到大规模应用，并出现了各种有价值的电渗析、渗透汽化、微滤、超滤、纳滤和反渗透等分离膜，受到了各个领域的普遍重视。而各种膜分离工艺在水处理、冶金、石油、化工、仪器、医药、仿生等诸多领域得到推广应用。

膜分离的关键是膜材料，甲壳素和壳聚糖是近年来受到广泛关注的新型膜材料，用其制成的薄膜柔韧性好，无毒副作用，且其制膜设备和工艺简便。用壳聚糖可制成超滤膜、反渗透膜、渗透蒸发和渗透汽化膜、气体分离膜等，用于有机溶液中有机物的分离和浓缩、超纯水制备、废水处理、海水淡化等。用它制成的反渗透膜对金属离子具有很高的截留率，尤其是对二价离子的截留效果更佳。

3.3.1 壳聚糖膜材料的特点

甲壳质和壳聚糖均具有良好的成膜性能。甲壳素/壳聚糖是一种多分子聚合物，无毒、无味、耐晒、耐热、耐腐蚀，而且不怕虫蛀和碱的侵蚀。能溶于低浓度弱酸溶液中，所以是理想的制膜材料。目前许多国家已经开发出强度大大超过纤维膜的甲壳素材料，不仅可应用于食品包装，可制成工业上用的过滤膜和反渗透膜，还可制成保健服装、医用纱布和手套等。壳聚糖分子键上有羟基和氨基，易于化学改性和交联，交联后壳聚糖膜的耐酸耐热性优于醋酸纤维素膜。壳聚糖膜的亲水性强，透过通量大，特别适合分离水系物料。而且壳聚糖膜还具有生物相容性和生物可降解性，不会造成环境污染，其降解产物在土壤中能改善微生态环境。近年日本已开发出甲壳素塑料可降解地膜，可生物降解，无污染、强度高，有望代替传统塑料。还开发了装在空调器和电话上的甲壳素膜，以吸附毒素和电磁波。通过选择不同的交联剂，经过改性，可获得不同性能的分离膜，用于化工产品分离、生物产品分离、海水淡化、废水处理以及超纯化水制备等方面，显示出独特的性能。

壳聚糖分子键上的氨基表现出正电荷性质，使壳聚糖膜对碱土金属盐的脱除能力高，可作为硬水软化的反渗透膜；壳聚糖膜在碱性条件下不发生水解，在干燥保存或在水中长期浸泡时，膜材料的结构性能稳定。而且壳聚糖膜可通过交联处理提高其耐酸性、抗氧化性。这些特点是醋酸纤维素膜和聚酰胺膜所不具备的。

壳聚糖膜解决了细菌对膜表面的侵蚀问题。由于壳聚糖高分子化合物复杂的空间结构中含有高活性的氨基官能团，表现出类似抗生素的特征，因此壳聚糖膜具有一定的抑菌作用。

3.3.2　壳聚糖膜的制备方法

（1）流延成膜法：这是制备壳聚糖膜最常用的方法之一，将壳聚糖的乙酸溶液脱泡，并在玻璃板上流延成膜，再在 NaOH 水溶液中生成膜，所得的膜用水洗涤至中性，晾干即得壳聚糖膜。为了提高壳聚糖膜的分离性能和机械强度，通常对壳聚糖膜进行交联改性。

（2）原位形成法：原位形成超滤膜即通过将无机物或聚合物沉积在多孔基材的表面或孔隙入口形成的动态膜。在多孔不锈钢内壁烧结的 TiO$_2$ 层涂覆一层壳聚糖后可原位形成超滤膜（可再生），该膜可在低离子强度下提取牛血清蛋白，其截留率达 90%。

（3）挤出成型法：将壳聚糖的稀酸溶液经喷头挤出到碱性溶液中，同时在中空纤维内部通入氮气和空气的混合气体，凝固后可得到中空纤维透析膜，这种膜的溶质透过性取决于壳聚糖溶液的浓度及酸的种类。

3.3.3　壳聚糖基分离膜的应用

壳聚糖膜可用作亲和膜、纳滤膜、气体分离膜、环境响应膜及离子交换膜等。壳聚糖分子含有大量的羟基，它可以和蛋白质中的氨基结合。如用壳聚糖与聚醚共混制备的亲和膜可根据分离环境的 pH 值来调整膜孔径的大小，在 0.1MPa 压力下，对牛血清蛋白的截留率大于 90%，通量为 3.0～4.5 mL/(cm^2·h)；当膜孔径在 10～50nm 时,该膜对发酵产物十二烷基二元酸中的蛋白质的截留率大于 95%。

1. 壳聚糖反渗透膜

反渗透也称为极度过滤或脱水浓缩，是薄膜分离中复杂的技术，它几乎能阻止所有不溶解的溶质，只允许溶剂或水通过分离膜。与传统的醋酸纤维素

（CA）膜相比，壳聚糖膜具有较高的脱盐率，优良的机械强度、耐碱性和透水性，如 CA 膜的透水率为 $0.8kg/(m^2·d)$，而壳聚糖膜为 $2.0kg/(m^2·d)$。为了提高壳聚糖膜的柔韧性，可将膜置于含有一定量二环己基碳二亚胺、乙酸的无水甲醇溶液中进行非均相反应制备 N-乙酰化壳聚糖反渗透膜，所得膜的透水率和脱盐率分别为 $8.2L/(m^2·h)$、88%，该数值均优于 CA 膜。

也有以邻苯二甲酸二丁酯为致孔剂，制备了多孔壳聚糖膜，该膜具有孔隙率高、孔径均匀、比表面积大的特点，对小分子物质有较强的渗透性，对 Cd^{2+} 离子吸附能力强，在处理含 Cd^{2+} 离子废水时，该膜在 5min 达到吸附平衡，当体系的 pH 值在 6.0～7.3 之间时，其吸附处理效果较佳。壳聚糖膜具有不流失、易再生、可反复利用等特点，有望用于含 Cd^{2+} 离子废水的处理及回收。

2. 壳聚糖渗透汽化膜

渗透汽化是一种利用高分子膜的选择透过性来分离或富集有机混合液中某一组分的膜分离方法。壳聚糖主链上含有氨基、羟基等亲水活性基团，是一种有潜能的水优先透过的渗透汽化膜基质，使壳聚糖渗透汽化膜在膜分离领域中得到广泛应用。壳聚糖的膜结构影响膜的选择分离效果，当增加壳聚糖膜亲水性基团时，有利于水或醇的分离。如脱乙酰度高的壳聚糖分离膜有较高的选择分离性。随着壳聚糖脱乙酰度的增大，膜的醇水渗透通量减小，醇水分离因子增大，当壳聚糖的脱乙酰度高于 90% 时，壳聚糖膜有较高的分离因子，达到渗透蒸发单级分离的要求。

高脱乙酰度的壳聚糖膜在分离乙醇质量分数较低的混合液时（醇质量分数小于 80%），膜的溶胀度较大，分离选择性低。为了提高膜的分离性能，需要对膜进行交联改性。常用的交联剂有多价金属离子、多元无机酸、戊二醛以及磷酸尿素等，其中以戊二醛进行交联改性可以提高壳聚糖膜对醇水混合液的渗透通量，应用最为广泛。利用高价金属盐（如 $ZnSO_4$ 或 $MgSO_4$ 等）交联，可使壳聚糖膜的分离系数提高，但通量有所下降，膜稳定性下降。有国外研究者制备了不对称的磷酸交联壳聚糖膜，对乙醇含量为 90%的乙醇水混合液，其分离系数 α 大于 600，通量为 0.2kg/(m²·h)。利用丙烯酸交联壳聚糖膜对近恒沸组成的乙醇水混合液进行分离，其分离系数由未交联的 40.7 上升到 1914.5，通量则由未交联的 157.3g/(m²·h)下降为 73.2g/(m²·h)。

共混改性方法是制备性能优异的渗透汽化膜的常用手段。通常的方法是利用具有疏水性的醋酸纤维素（CA）对壳聚糖膜进行改性，所得膜适合分离 50%～95%的乙醇水溶液；当壳聚糖与 CA 之间的质量比为 7∶3 时，膜的渗透汽化性能最佳，分离因子由共混前的 520 上升到 2172，渗透通量为 240g/(m²·h)，但共混后膜的力学性能下降。有人利用藻朊酸钠和聚丙烯酸与壳聚糖制备聚电解质复合膜用于水-有机液体系的分离，壳聚糖分子中的氨基与藻朊酸钠和聚丙烯酸分子中的羟基形成的离子键能增强膜对水分子的选择性，使分离系数增加，此类膜对水-异丙醇、水-丙酮、水-丁醇、水-四氢呋喃等体系具有优异的选择性和较高的通量。

将壳聚糖膜与支撑体复合，可提高膜的强度和分离的稳定性，是解决膜分离性能下降的有效途径。有学者研制出壳聚糖聚丙烯腈复合膜用于乙醇-水的渗透蒸发，该复合膜具有 3 层结构，最上层为戊二醛交联的壳聚糖致密层，支撑层为多孔的聚丙烯腈，在致密层和多孔支撑层之间为分子间交联层，该复合膜为极好的渗透汽化膜，在 70℃对含 90%乙醇的水溶液进行分离，分离系数可达 1410，渗透速率为 0.33kg/(m²·h)，在 60℃渗透速率也可达 0.17g/(m²·h)，分离系数为 123，在 70℃对异丙醇水的分离系数可达 5000，渗透速率为 0.43g/(m²·h)，表明膜的渗透汽化性能可通过改变上层和中间层的结构进行调整。

对壳聚糖均质膜的脱酸处理、干燥方法影响所得膜的渗透汽化性能，膜的处理方法也影响到膜的通量及分离性能。用碱性稍弱的溶液较长时间地对膜进行脱酸处理，有利于膜物理结构的逐步变化，趋于形成较为紧密的结构，提高膜的分离系数。如用含 3%NaOH 的乙醇水溶液 [m（乙醇）/m（水）=50/50] 进行脱酸处理的壳聚糖膜，其分离系数在料液温度为 55～75℃时几乎不变；不同的干燥方法形成的壳聚糖膜的致密程度有差别，膜致密程度越高，选择分离系数越大，膜的通量越低。

另外，在渗透汽化法中，原料是与膜直接接触，这样会造成膜的溶胀或收缩，后来在此基础上发展出蒸发渗透法，原料不直接接触膜，而是原料汽化后透过膜，这样就避免了膜的损伤。

用于渗透汽化和蒸发渗透的壳聚糖膜，要求壳聚糖几乎是完全脱乙酰基的，相对分子质量在 $5×10^4$～$10×10^4$ 之间。

不同脱乙酰度的壳聚糖膜，其蒸发渗透的透水性能有较大差别（表 3-3）。脱乙酰度的增大使得游离氨基增多，由于氨基质子化，壳聚糖在稀酸溶液中带电基团增多，电荷密度增大；同时分子间氢键增加，分子堆砌更紧密，壳聚糖膜的溶胀度减小，膜的抗张强度提高，同时乙醇水渗透通量减小，乙醇水分离因子增大，当脱乙酰度高于90%时，有较高的分离因子，符合渗透蒸发单级要求。

表 3-3 不同脱乙酰度壳聚糖蒸发渗透膜对乙醇水的分离性能

脱乙酰度/%	料液中乙醇含量/%	进料温度/℃	分离因子 $\alpha_{w/e}$	渗透通量/[g/(m²·h)]
78	90	36	150	210
85	90	36	170	180
92	90	36	270	170
97	90	36	400	140

3. 纳滤膜

纳滤（Nanofiltration）是从反渗透技术中分离出来的一种膜分离技术，是超低压反渗透技术的延续和发展。纳滤膜是荷电膜，能进行电性相互作用，它具有敏锐的分子截留区，对不同物质能有目的地提纯或去除，有优越的分离效果。现在，纳滤技术已经从反渗透技术中分离出来，成为介于超滤和反渗透技术之间的独立的分离技术，已广泛应用于海水淡化、超纯水制造、食品工业、环境保护等诸多领域，成为膜分离技术中的一个重要的分支。

纳滤过程的关键是纳滤膜，膜材料要求具有良好的成膜性，热和化学稳定性高，机械强度高，耐酸碱及微生物侵蚀，耐氯和耐氧化，有高水通量及高盐截留率，抗胶体及悬浮物污染，价格便宜。纳滤膜的成膜材料基本上与反渗透膜材料相同。商品化纳滤膜的膜材质主要有以下几种：醋酸纤维素、磺化聚砜、磺化聚醚砜、聚酰胺和聚乙烯醇等。

对于壳聚糖-聚丙烯腈复合纳滤膜，壳聚糖层使聚丙烯腈基膜的孔径减小，膜截留相对分子质量的范围变窄。壳聚糖的氨基可与聚丙烯腈水解形成的羧酸基键合，利用戊二醛进行交联可以提高复合膜的稳定性并可降低复合膜截留相对分子质量。随着戊二醛浓度提高，膜的疏水性提高，膜的纯水透过率和溶胀度降低，而对盐和糖的截留率提高。戊二醛浓度为 $0.1\% \sim 0.2\%$、交联时间为 1 h，膜的截留相对分子质量从未交联的 1500 减少到 600，膜的稳定性随戊二醛浓度的增大而提高；交联膜具有良好的抗溶剂性、宽的 pH 值适用范围，适用于回收有机溶剂和处理含有微量有机溶剂的废气。

有研究人员以羟丙基三甲基氯化铵壳聚糖为复合膜的活性功能层，以聚砜超滤膜为支撑层，环氧氯丙烷为交联剂，制备了一种新型荷正电复合纳滤膜。该膜的截留分子量在 720 左右，属于纳滤膜范围。随着料液浓度的增大，膜的截留能力下降。对不同盐的截留顺序由大到小为 $MgCl_2$、$NaCl$、KCl、$MgSO_4$、Na_2SO_4、K_2SO_4，呈现荷正电复合纳滤膜的截留特征。其流动电位曲线也进一步表征该复合纳滤膜的荷正电性，膜的电压渗系数为 34.2 mV/MPa。由于该膜对 Mg^{2+} 具有较高的截留率和适中的通量，因此该膜可期望用于海水淡化、水的软化等方面，并为壳聚糖季铵盐成为纳滤膜的研究提供一定的理论依据。

4. 超滤膜

超滤膜技术作为新型分离纯化手段，常用于处理工业废水，纯化、浓缩蛋白质、酶、核酸及多糖等高分子溶液。甲壳素/壳聚糖超滤膜来源广泛，有良好的生物相溶性。通过在壳聚糖膜上固定一些具有特殊功能的载体可以提高超滤膜的分离效率。

甲壳素、壳聚糖和纤维素是理想的超滤膜材料。甲壳素溶解于二甲基乙酰胺、N-甲基-2-吡咯烷酮、氯化锂混合溶液中，以异丙醇为凝固浴，再经水或甲醇（乙醇）水溶液处理、干燥，可得到抗张强度高的超滤膜。这种膜对尿素、肌酸肝、维生素 B_{12} 的透过性良好，其透过率分别为 $2.8×10^{-6} cm^2/s$、$1.8×10^{-6} cm^2/s$ 和 $2.8×10^{-7} cm^2/s$。壳聚糖螯合亚氨基双乙酸盐再配位铜离子后制成的超滤膜可以有效地纯化二肽。将多孔不锈钢支撑管内壁 TiO_2 烧结层作基底构建壳聚糖的 FIP 超滤膜。该膜在低离子强度下对牛血清蛋白（BSA）的截留率达 90%，其截留和透过性可通过 pH 值和离子强度调控，壳聚糖的相对分子质量对此影响不大，该膜还可以再生。一种通过共价键固定 DNA 的壳聚糖超滤手性分离膜的制备过程为：将壳聚糖溶解于 2.1% 的乙酸溶液中，在溶液中加入不同分子量的聚乙二醇作为成孔剂，通过流延法制备壳聚糖膜。壳聚糖膜在室温下干燥后用 4.0% 的 NaOH 溶液中和膜中残留乙酸，膜中的聚乙二醇分子及残留盐用超纯水清洗除净。将经过上述方式处理后得到的壳聚糖膜在 $K_2[PtCl_4]$ 水溶液中充分活化，并置于 DNA 浓度为 1000 ppm 的缓冲溶液中浸泡 24h，即可制备固定 DNA 的壳聚糖膜，溶液温度和 pH 值分别为 25℃和 7.4。超滤实验表明，当膜孔径小于 6.4nm（分子截留量小于 67000）时，该膜对 D-苯基丙氨酸具有良好的透过性；而当膜孔径大于 6.4nm（分子截留量大于 67000）时，则对 L-苯基丙氨酸表现出良好的透过性，这说明通过对膜孔径的调节，DNA 固定壳聚糖膜能对苯基丙氨酸对映体进行有效的手性分离。

国外研究人员利用壳聚糖制备超滤膜用于重金属离子的分离，在 pH 值为 3～5.6 时能够完全分离重金属离子 Co^{2+}、Ni^{2+}、Cu^{2+}、Zn^{2+} 和 Cd^{2+}，而对 Cr^{6+} 和 Mn^{2+} 的分离效果则受操作条件和 pH 值的影响，但乙酰化壳聚糖膜对金属离子则没有分离能力。

已有的用于印染废水处理的壳聚糖超滤膜，其制备方法是将脱乙酰度为 70.3%的壳聚糖溶于 2%的乙酸中，配成 2%浓度的壳聚糖溶液，过滤、除杂、脱气、加入改性剂，用戊二醛交联，以丙纶为支承载体制膜，在室温下挥发到不流动后，浸入 NaOH 凝固浴中凝固，取出洗涤至中性，风干 2d，得到超滤膜。NaOH 凝固浴的浓度对膜孔的微观结构和分离性能影响较大（表 3-4，以酸性红 B 染料水溶液作为分离介质，下同）。浓度高，凝固速度快，有利于生成疏松结构，使渗透通量增加，但分离效率下降；反之，凝固速度慢，有利于生成致密的海绵状孔结构，使膜分离效率提高。

表 3-4　凝固浴浓度对膜分离性能的影响

项目	数值				
凝固浴浓度/(mol/L)	0.25	0.5	1	1.52	2
分离效率/%	99.23	99.23	99.04	87.12	50.96
通量/[(mL/(cm²·h)]	0.033	0.043	0.077	0.174	0.374

在不同的温度下凝固，膜分离性能也会受到影响（表 3-5）。

表 3-5　凝固浴温度对膜分离性能的影响

项目	数值		
凝固浴温度/℃	5	12	20
分离效率/%	96.13	97.12	48.08
通量/[(mL/(cm^2·h)]	0.116	0.118	1.68

凝固处理时间对膜分离性能的影响见表 3-6。

表 3-6　凝固处理时间对膜分离性能的影响

项目	数值			
处理时间/min	1.5	2	2.5	3
分离效率/%	95.7	97.14	95.48	96.56
通量/[(mL/(cm^2·h)]	0.16	0.115	0.07	0.054

壳聚糖超滤膜与聚砜（PS）和聚丙烯腈（PAN）超滤膜对亚甲基蓝水溶液和酸性红 B 水溶液的脱色率的比较见表 3-7。

表 3-7　壳聚糖膜与商品膜分离性能的比较

膜材料	分离效果	
	亚甲基蓝脱色率/%	酸性红 B 脱色率/%
壳聚糖超滤膜	97	98.65
PS（相对分子质量为 6 万）	43	24.58
PS 共混（相对分子量为 3 万）	55	23.5
PAN（相对分子量为 6 万）	53.3	28.9

壳聚糖超滤膜对印染厂的固色油水废水和好氧处理过的染袜废水 COD 的去除率分别达到 88% 和 76.2%，脱色率均超过 95%（表 3-8）。

表 3-8　壳聚糖超滤膜对印染废水的处理效果

膜材料	固色油水		好氧废水	
	COD 去除率/%	脱色率/%	COD 去除率/%	脱色率/%
壳聚糖膜	88	>95	76.2	>95

5. 亲和膜

亲和膜是亲和色谱及现代膜分离技术的结合，是近十几年发展起来的作为回收和纯化生物大分子的有力工具。壳聚糖分子含有大量的羟基、氨基，具有亲水性、良好的成膜性、力学性能和高的化学反应性，可作为优良的亲和膜材料。可以利用壳聚糖分子的羟基和蛋白质中的氨基结合的特点，将壳聚糖与聚醚共混制备亲和膜，该膜可根据分离环境的 pH 值来调整膜孔径的大小，在 0.1MPa 压力下，对牛血清蛋白的截留率大于 90%，通量为 $3\sim4.5mL/(cm^2\cdot h)$；当膜孔径在 $10\sim50nm$ 时，膜对发酵产物十二烷基二元酸中的蛋白质的截留率大于 95%。

6. 智能响应膜

刺激响应性材料是随周围环境条件的变化，如光、热、pH 值、电场等的变化，材料本身结构或形态发生相应的变化。有国内学者根据壳聚糖具有可阳离子化基团的特点研究了壳聚糖膜的 pH 值响应性，结果表明壳聚糖膜在酸性条件下渗透性能良好，在碱性条件下渗透性能较差，其 pH 值响应的突变范围为 $6\sim7$。甲壳素分子无离子基团，是非 pH 值响应材料，但甲壳素接枝丙烯酸后具有离子基团，并有 pH 值响应性，接枝甲壳素膜的 pH 值响应突变范围为 $7\sim9$。壳聚糖和丝心蛋白通过氢键形成的复合膜具有良好的 pH 值和离子响应性，这种复合膜可以利用蒸发汽化原理来分离乙醇和水混合物。在进料中加入一定量的 $AlCl_3$ 溶液，则膜的溶胀度随着 Al^{3+} 的浓度而变化，所以分离异丙醇-水混合物时，这种复合膜可以用作控制通量的一个化学开关。

7. 离子交换膜

离子交换膜具有选择透过性,主要是由于膜的孔隙和离子基团的作用。以壳聚糖为原料,戊二醛为交联剂制备离子交换膜,在性能及分离 Cl^- 与 F^- 的渗析率方面均接近于商品化的全氟阴离子交换膜。

有人以乙二醇二缩水甘油醚为交联剂制备多孔壳聚糖离子交换膜,该膜用于蛋白质的分离,壳聚糖分子中含有的氨基使膜具有较高的离子交换能力(0.83 meq/g 干态交联壳聚糖膜)。当 pH 值小于 7 时,膜表面带正电荷,能够吸附分离人血清白蛋白、卵清蛋白、大豆胰岛素抑制剂等蛋白质,3 种蛋白质的动态吸附能力分别为 11.6 mg/mL、19.0 mg/mL、20.8 mg/mL,而且利用洗涤液可以回收 91%~98% 的蛋白质,蛋白质的纯度可达 99% 以上,该膜具有良好的稳定性和再生能力。

8. 气体分离膜

膜法气体分离的基本原理是根据混合气体中各组分在压力的推动下透过膜的传递速率不同,从而达到分离的目的。膜法制备富氧空气在医疗和工业上都有广阔的应用前景。有研究者以壳聚糖-聚砜酰胺复合膜以及在该膜上固定金属钴盐的方法,分离空气中的氧和氮。结果表明:不论钴盐的含量如何,干膜不具备氧氮分离能力,当在复合膜一侧涂上一层极薄的水制成"湿膜"后,富氧性能可大幅度提高,分离系数由干膜的 1.0 上升到"湿膜"的 1.5~2.0,透过速率则大幅度下降。升高温度与适当增大压力,可使壳聚糖-聚砜酰胺复合膜有较好的分离能力。壳聚糖作为一种无毒、无污染并可生物降解的环境友好材料在膜分离领域展现出诱人的前景,目前大多数相关研究工作主要侧重于渗透汽化并将其用于醇水分离。而由亲水材料制作耐污染膜是解决超滤膜污染问题的一个有效途径,壳聚糖具有高度的亲水性,可以利用此优势制备耐污染超滤膜。

9. 复合膜

壳聚糖可在聚碱多孔膜、聚丙烯腈多孔膜上制备复合膜，显著提高复合膜的渗透性。

复合膜能提高膜的强度，可使活化层膜（壳聚糖膜）薄化或超薄化，从而使膜的渗透通量增大，如与聚丙烯腈多孔膜复合，由于聚丙烯腈基膜在水中浸泡或室温干燥都能保持其厚度和面积，这样就限制了复合于其上的壳聚糖膜在横向上的伸缩，使壳聚糖膜尺寸的变化局限在膜的纵向上。当处理乙醇含量较低的溶液时，壳聚糖膜的溶胀不但没有使膜内孔隙增大，反而被压缩变小，使膜在处理低浓度乙醇溶液时有较高的分离系数，如料液水含量质量分数为30%～85%、操作温度为 60℃时，其渗透通量基本保持不变，约为 $1000g/(m^2 \cdot h)$，在 75℃时约为 $2200g/(m^2 \cdot h)$。

若将这种壳聚糖-聚丙烯腈复合膜用交联剂交联，膜性能明显好于未交联膜，对乙醇水溶液的分离选择性提高 25%。

现在复合技术又有发展，将硫酸交联的壳聚糖涂到聚丙烯腈中空纤维膜内表面、将聚乙烯醇与壳聚糖的混合物涂到中空纤维膜内表面制成复合膜，可得到分离因子更大的膜（表 3-9）。

表 3-9　中空纤维复合膜对乙醇水溶液的分离性能

膜材	基膜	料液中乙醇含量/%	进料温度/℃	分离因子/$\alpha_{w/e}$	渗透通量/$[g/(m^2 \cdot h)]$
PVA/CTS 硫酸交联	PAN 中空纤维 PAN 中空纤维	95	48	328	69
		96	75	5000	616
		90.5	70	4500	1400

注　PVA 是聚乙烯醇；CTS 是壳聚糖；PAN 是聚丙烯腈。

10. 共混膜

一种优良的醇水分离膜,其疏水性结构部分与亲水性结构部分必须达到一种平衡,显然,单靠壳聚糖本身不能达到这种平衡,用醋酸纤维素、聚乙烯醇、聚乙二醇、聚环氧乙烷等与壳聚糖共混,则能调节平衡,现在,这种共混技术已成为制备性能优良蒸发渗透膜的常用手段。

醋酸纤维具有一定的疏水性,与壳聚糖共混制备蒸发渗透膜,其性能优于壳聚糖膜,可用来分离 50%～95% 的乙醇水溶液。

聚乙烯醇虽然是亲水性高分子,但它们的聚集态存在差异,聚乙烯醇结晶度高,比较规整,膜内自由体积小,组分在其中迁移速率小,相对于乙醇分子,水分子在其中的扩散系数大,因此在蒸发渗透过程中表现出较大的分离因子和较低的渗透通量,壳聚糖则刚好相反,对醇水蒸发渗透表现为渗透通量高而分离因子低,二者共混后,既保证了高的分离因子,又具有高的渗透通量。当聚乙烯醇掺入量为 53% 时,分离乙醇浓度为 8.7% 的水溶液,分离因子为 17.1,渗透通量为 $217g/(m^2 \cdot h)$。

壳聚糖与无机纳米材料复合后得到的杂化膜具有某些特殊的性能。将壳聚糖与无机材料混合后,经真空过滤或溶剂挥发法制备壳聚糖-蒙脱土复合膜。膜柔软透明,经扫描电镜观察截面呈现有序的层状结构,说明蒙脱土在膜形成过程中发生了有序排列,这种复合膜具有一定的防火性能。采用层层自组装技术制备壳聚糖与层状双氢氧化物(LDH)复合膜的制备过程是:将 LDH 分散在水表面,用提拉法将 LDH 转移到玻璃片表面,再旋涂一层壳聚糖。如此反复多次,可以得到透明的壳聚糖-LDH 复合膜。复合膜的内部呈现规则的"砖-泥"结构,力学强度可达 160MPa,是纯壳聚糖膜的 8 倍,超过了天然贝壳。

3.4　无机复合物–壳聚糖的制备与性质

3.4.1　蒙脱石-壳聚糖复合物

1. 蒙脱石-壳聚糖复合物去除重金属的应用

蒙脱石是蒙皂石族矿物，广泛存在于膨润土中，是一类以内表面为主，比表面积大，储量丰富的天然矿物。相比传统吸附剂，蒙脱石-壳聚糖复合物增强了机械性能、热稳性、气阻性和阻燃性等物理性能。蒙脱石-壳聚糖复合物上的羟基官能团具有天然的亲水基团，大量的酰胺基、氨基和羟基均可被改性或者被直接利用。这些特点和优势使得蒙脱石-壳聚糖复合物成为一种有广阔发展前景的重金属吸附材料。

将壳聚糖负载在蒙脱石上，表面电荷从负转变为正，在 pH 值为 4.0～5.0时，对水中 Cr(Ⅵ)和 As(Ⅴ)的最大吸附量分别为 180mmol/kg 和 120mmol/kg。一种用于废水处理的磁性壳聚糖-蒙脱土-腐殖酸复合微胶囊吸附材料的制备方法是先制备腐殖酸-蒙脱土复合胶体粒子分散液、腐殖酸-蒙脱土复合胶体粒子稳定的皮克林乳液，然后将壳聚糖溶于稀醋酸溶液，得到壳聚糖溶液，在机械搅拌的作用下，将壳聚糖溶液加入到腐殖酸-蒙脱土复合胶体粒子稳定的皮克林乳液中，搅拌 1h 后，收集反应产物，将产物磁分离、乙醇洗涤、弱酸水洗涤、水洗涤和冷冻干燥，得到磁性壳聚糖-蒙脱土-腐殖酸复合微胶囊吸附材料。该制备方法简单、原材料简单易得，制得的磁性壳聚糖-蒙脱土-腐殖酸复合微胶囊吸附材料成本低廉、易于回收且具有较好的吸附性能，适用于工业废水处理等领域。

　　壳聚糖与金属离子的反应因金属离子类型、pH 值和溶液基质不同而有所差异。N 原子上的自由电子对在 pH 值近中性或弱酸性时与金属离子结合。另一方面，酸性条件下的氨基具备阳离子特点，可以吸附阴离子型重金属。因此这些氨基官能团的质子化也可能因静电作用吸引阴离子，如金属阴离子和阴离子染料等。

　　2. 影响蒙脱石-壳聚糖复合物吸附重金属的因素

　　复合物的吸附性能主要取决于壳聚糖，而壳聚糖的物理化学性质受到 3 个基本参数（脱乙酰度、分子量和结晶度）的影响。脱乙酰度决定了氨基的比例，也影响到酰胺基和氨基的排列。从 1 万到 100 万不等的分子量，使得同样质量的壳聚糖具有不等的分子大小，其物理或化学性质也随之改变。结晶度则直接影响到壳聚糖官能团的反应活性。

　　反应液 pH 值、共存配体往往能影响重金属在黏土矿物上的吸附，也可能会影响到重金属在复合物上的吸附性能。在一般吸附剂表面，pH 值首先影响重金属的形态及其吸附过程。当 pH 值较低时，溶液中的重金属呈阳离子状态，较高浓度的氢离子与重金属离子竞争，影响重金属离子的交换吸附。随着 pH 值上升，氢离子的竞争性减弱，重金属吸附加强。当 pH 值进一步上升时，重金属离子发生水解，氢氧根离子与之形成络合物，此时的吸附剂表面产生络合吸附或形成氢氧化物沉淀。另一方面，pH 值也影响壳聚糖的性质及其与重金属的结合。壳聚糖是阳离子聚合物，其 pKa 在 6.2～7 之间（取决于壳聚糖的脱乙酰度和聚合物的电离程度）。壳聚糖可以在酸性溶液中质子化并带正电，通过络合的方式吸附金属阳离子，也可通过静电作用吸附金属阴离子，因此存在络合和静电吸引两种吸附机制。在中性或碱性环境中，壳聚糖的质子化程度降低，进而不溶并丧失反应活性。

有机配体在壳聚糖链上的接枝会改变被吸附金属离子的形态，并影响到金属离子吸附的过程和机理，进而影响吸附容量和最适 pH 值范围。在重金属污染的介质如水或土壤中，有机配体往往与金属离子共存。金属阳离子可能与共存配体结合成阴离子形态，原来的络合机制可能从质子化氨基的络合作用转变成聚合物上的静电吸引。如 Cu^{2+} 与未质子化壳聚糖的配位或 Cu^{2+} 与质子化壳聚糖的静电吸附，这两种作用之间的竞争也起着重要作用，尤其是在 EDTA、柠檬酸、酒石酸和葡萄糖酸钠存在的条件下。曾有研究表明在柠檬酸配体存在时，对于 Cu^{2+} 在壳聚糖上的吸附主要通过质子化氨基官能团和 Cu-柠檬酸根复合阴离子之间的静电吸附完成。

3.4.2　以静电纺丝方法制备纳米纤维材料

静电纺丝技术是一种借助高压静电场力来制备纳米纤维的新技术，其工作原理是借助于高压静电场使聚合物溶液或熔体带电，使其在喷头末端处形成垂悬的锥状液滴（即"泰勒锥"）。此时液滴受到自身表面张力和静电场引起的表面电荷斥力的双重作用。当液滴表面的电荷斥力超过其表面张力时，在溶液表面就会高速喷射出聚合物微小液体流。液体流在一个较短的距离内经过电场力的高速拉伸拖拽、溶剂挥发与固化，最终沉积在接收板上，形成聚合物纤维。

静电纺丝纳米纤维依靠其在比表面积方面的优势，在重金属吸附方面越来越受到关注，成为重金属离子污染处理方法研究的热点。

由于壳聚糖本身的结构，分子链内部和分子链之间存在大量的氢键，分子内作用力比较强，导致壳聚糖的溶解和静电纺丝过程都比较困难，所以多数情况下只能通过与其他高分子材料混纺才能得到纳米纤维。有国外学者报道了利用醋酸为溶剂电纺纯壳聚糖纳米纤维。以醋酸为溶剂，不仅价格便宜，而且无毒，对环境友好。通过电纺不同分子量的壳聚糖，得到了直径 100 nm 左右的纳米纤维。

近几年的壳聚糖电纺丝研究选用的溶剂基本都是三氟乙酸或者醋酸，或者以这两者为基础，掺加少量的其他溶剂（如 DMSO）。为了提高壳聚糖电纺膜的稳定性，利用饱和的碳酸钠溶液来中和以三氟乙酸为溶剂制备的壳聚糖电纺膜，提高其在中性或弱碱性溶液中的稳定性。也有人采用戊二醛交联的方法来提高壳聚糖纤维膜的稳定性，利用纺丝过程中交联和纺丝后交联两种方法得到了戊二醛交联的壳聚糖电纺膜，并且测试了交联后的壳聚糖电纺膜的力学性能。

也有国外学者利用静电纺丝技术制备了壳聚糖-PEO 电纺纤维膜，并且利用纤维膜来过滤吸附六价铬离子，并将壳聚糖基纳米纤维用于气体和液体过滤。还有学者利用三氟乙酸制备了直径为 235nm 的电纺壳聚糖膜，并用这种膜吸附分离铜和铅离子。其对铜和铅的最大吸附量高达 485.44mg/g 和 263.15mg/g。壳聚糖电纺纤维对铜的最大吸附量比壳聚糖微球高大约六倍，比壳聚糖原材料高 11 倍，这充分显示了电纺纤维在重金属离子吸附方面的优越性。但是，现阶段很多电纺丝纤维的应用需要后期接枝改性才能达到更好的吸附效果，制备过程较为烦琐，在推广工业化应用方面存在障碍。一步法制备绿色、高效的纳米纤维吸附材料将具有广阔的发展前景。同时，目前大部分研究只是利用静电纺纳米纤维静态吸附去除重金属离子，纤维膜的用量较大，不能更好地发挥电纺膜的优势。充分利用静电纺丝纤维膜材料的通孔结构、高孔隙率和比表面积进行过滤吸附应该是更好的发展方向。

第 4 章 壳聚糖在土壤改良上的应用研究

近年来，我国土壤重金属污染事件频发。据统计，我国受重金属污染的粮食达到 1200 万 t，经济损失超过 200 亿元。其中，镉污染主要分布在矿区、城市近郊耕地、菜园地以及工业污水灌溉区。目前，我国耕地土壤 Cd 含量平均为 0.27mg/kg，高于土壤背景值（0.2mg/kg）。重金属通过农作物吸收富集于作物体内，最终通过食物链富集在人体内，发挥慢性毒害作用。土壤重金属污染不仅严重阻碍经济社会的良性发展，而且对人体健康造成不可估量的损害，影响着社会的稳定。针对土壤重金属污染，2011 年，国务院批准了我国《重金属污染综合防治"十二五"规划》；2016 年 5 月 31 日，国务院正式印发《土壤污染防治行动计划》（又称《土十条》），标志着我国土壤修复行业驶入发展快车道。《土十条》指出，到 2020 年，受污染耕地治理与修复面积达到 1000 万亩。任务面临的考验十分艰巨，因此，找到合适的、环保的土壤重金属污染修复技术，确保农产品安全，就成了当务之急。

4.1 土壤改良技术的应用现状

土壤改良一般是根据各地的自然、经济条件，采取因地制宜的措施，以有效地达到改善土壤生产性状和环境条件的目的,其过程就是控制土壤流失量和增加土壤有机质及养分。其中，土壤改良剂能有效地改善土壤养分状况及其理化性质,对土壤问题起到积极的修复作用。土壤退化的另一个重要方面是土壤酸化,酸化会大大提高土壤的酸度,造成营养元素的大量淋失,对作物的生长产生严重影响。本节阐述的改良技术从控制源头和缓解土壤酸化两方面入手来提高土壤质量。除此之外,科学的耕作方式同样会对土壤的改良起到积极作用,对提高农作物产量及土壤微生物数量和活性也极为有利。

4.1.1 添加土壤改良剂

自 19 世纪末,土壤改良剂通过改善土壤性质和提高养分含量来使土壤微生物更好地生存,可以对土壤退化起到一定的修复作用。土壤改良剂可分为四大类,包括天然改良剂、人工合成改良剂、天然-合成共聚物改良剂和生物改良剂。天然改良剂包括无机物料和有机物料两种,其中无机物料含有天然矿物和无机固体废物,而有机物料则包括有机固体废弃物、天然提取高分子化合物和有机质物料。其中,沸石就是一种天然矿物,能够改善土壤肥力和提高保水能力。沸石可以吸附铵根离子和磷,但大部分铵根离子和磷是可以解吸的。沸石也可以吸附土壤中的 Na^+、Cl^-,使土壤中 Na^+、Cl^-的含量降低,碱化度降低,对土壤酸碱性起到缓冲作用。

合成改良剂是以天然改良剂为原型,从而形成人工合成高分子有机聚合物。其中聚丙烯酰胺(PAM)是最受关注的人工合成土壤改良剂。较低施用量的阴离子型 PAM 能够对土壤板结起到改良的作用,并且可以改善土壤物理性质。用阳离子型 PAM 处理土壤也可以提高土壤对肥料的吸附和释放作用。土壤中施用 PAM 还可以增加土壤对 NH_4^+、NO_3^-等离子的吸附量,减少离子损失量。

由于天然改良剂起作用的时间短或量少,其改良效果有限。高成本以及潜在的环境污染风险限制了人工合成的高分子化合物的广泛应用。因此，许多研究者考虑通过一定的化学方法，研制出天然-合成共聚物改良剂，弥补天然高分子化合物和合成高分子化合物的不足之处。为了弥补单一土壤改良剂的不足之处，可以混合使用多种改良剂。

4.1.2　土壤酸化改良技术

酸性土壤主要分布在热带、亚热带地区和温带地区，是土壤退化的一个重要方面，表现在土壤氢离子、铝离子增加，pH 值降低，重金属活性增大等方面，导致土壤营养流失加剧、肥力降低，影响农作物的生长。改良土壤酸化应从多方面入手，一方面控制酸雨的形成，另一方面应用改良剂等缓解土壤酸化，提高土壤质量。我国的酸雨以硫酸盐为主，在长江以南分布最为广泛，通过局部冲刷和中长距离传输的方式活化了土壤中有毒金属离子并且抑制酶的活性，使土壤酸化等。

缓解土壤酸化一方面可以运用化学改良剂，另一方面可以采取生物措施。向酸性土壤中加入传统的石灰石或石灰石粉化学改良剂后，土壤酸度就会降低，且土壤耕层的钙离子浓度也会有所增加。

此外，水利改良技术地下渗管排盐也是改良耕地盐碱化的常用方法之一。

4.2　重金属污染土壤修复技术

重金属污染土壤修复主要是通过一些方法来改变土壤中重金属的存在形态，改变其生物有效性，总的来说，就是降低土壤重金属含量，或者使土壤重金属更加固定。目前的修复技术主要分为物理修复技术、电动修复技术、化学修复技术、生物修复技术。

4.2.1　物理修复技术

土壤物理修复技术主要可以分为：换土法、客土法、深土翻耕法、隔离埋藏法和热脱附法。换土法就是用干净的土壤将被污染的土壤换掉。这种方法速度快，但是成本也比较高，一般适用于污染程度比较严重的土壤修复。例如，辽宁省沈阳市张士灌区土壤的表层中含有 56.1% 的镉，利用换土法将表层土移除后，加入新的土壤，检测发现种植的水稻中镉含量降低了 50%。客土法是将清洁的土壤与受污染的土壤混合，降低污染物浓度，这类方法操作成本较低，并且比较快，效果也较好，可以用来修复取土方便、污染物浓度较低的土壤。深土翻耕法是指使用工具翻动，使表层土与下层土混合，降低了表层土中土壤污染物的含量。隔离埋藏法是通过修建隔离墙，从而控制重金属随着水体流到其他地方。所以，要求隔离墙的渗漏系数小于 10^{-12}cm/s。热脱附法主要是针对一些具有挥发性的金属，通过加热的方式，使得重金属从土壤中挥发出来，从而降低土壤重金属的含量。在 270℃ 下，通过加热处理汞污染土壤 2h 后，发现土壤中汞的含量至少降低了 50%，且土壤理化性质基本上没有变化。这种方法成本比较高，只适用于小面积的土壤修复。

4.2.2　电动修复技术

电动修复技术是近几年新兴的一种环保型修复技术。其原理是：在低功率直流电场作用下，土壤中的重金属离子发生定向移动，在相应的极区富集，再通过沉淀、抽出或离子交换等方法去除。这种方法成本低，而且比较环保，对重金属的去除效率也比较高，适用于低渗透性的土壤。有研究人员使用电动修复法对受铅污染的土壤进行处理后发现，对铅的去除率可以高达 59.2%。还有人研究了 EDTA 对于电动修复土壤中铅污染的强化作用，发现 EDTA 进入土壤以后，可以与碳酸铅形成可溶的络合物，使铅离子的移动性增加，并使电动修复技术对铅的最大去除率达到 82.1%。电动修复技术的原理简单、操作简单，可是对于土壤有一定的要求，需要土壤具有一定的传导性，而且只适用于小范围的土壤修复。

4.2.3　化学修复技术

化学修复技术的原理是：向污染土壤中添加可以与重金属发生氧化还原反应、沉淀、吸附等的化学物质，从而降低重金属的生物活性以及迁移性。根据污染物的去除方式可以将化学修复技术分为：化学试剂改良法（化学固化法）、化学淋洗技术、化学格栅技术等。其中化学试剂改良法（化学固化法）的原理主要是通过向土壤中添加对重金属具有一定吸附、螯合性能等的土壤改良剂，改变重金属在土壤中的存在形态，降低其生物可利用性，从而达到固化的目的。土壤改良剂主要分为 3 类：无机改良剂、有机改良剂、有机-无机复合改良剂。

常见的改良剂很多，无机类的比如石灰、碳酸盐、硅酸钙等碱性物质；膨润土、凹凸棒石、沸石等黏土物质；羟基磷灰石、磷矿粉、磷酸氢钙等磷酸盐化合物；赤泥、飞灰等工业副产品。其中碱性物质在土壤中主要是通过改变土壤的 pH 值，从而降低重金属在土壤中的生物有效性。同样的，磷酸盐化合物的加入也可以使得土壤重金属的生物有效性降低，因为磷酸盐化合物可与重金属离子发生离子交换、吸附、络合和沉淀等作用。黏土物质具有较大的比表面积以及吸附能力，所以可以减少重金属可交换态。

对于偏酸性的重金属污染土壤，施加石灰可明显提高土壤的酸碱度，沉淀钝化重金属，利于耕种。对于铅、铬、镉等重金属污染土壤，可采用磷酸盐、硅酸盐或石灰等改良剂使重金属钝化形成难迁移的沉淀状态。其中利用含磷物质修复 Pb 污染土壤备受关注，也成为近年来环境科学研究的热点之一。例如可以利用磷酸二铵纯化修复冶炼厂附近重金属污染土壤，并发现磷酸二铵通过与 Pb、Cd 等重金属反应生成溶解度低的金属磷酸盐沉淀而使重金属活性下降，同时磷酸二铵并未导致土壤酸化和金属再迁移。对于铅锌矿区附近污染土壤，施加过磷酸钙、钙镁磷肥有助于形成难溶性的磷铅矿沉淀。含磷物质能使 Pb 稳定化主要是由于形成了磷酸铅沉淀，而 Cu 和 Zn 的稳定化可能与表面吸附和络合作用有关，主要受 pH 值的影响。

有机改良剂包括木质素、壳聚糖、谷壳、家禽有机肥、腐殖酸等。其修复原理主要是：①改良剂是重金属离子的螯合剂；②改良剂参与土壤离子的交换反应，增加土壤的阳离子交换量；③改良剂施用能够稳定土壤结构；④改良剂施用还能够促进重金属在土壤中的氧化还原反应，使重金属生成硫化物等沉淀。腐殖酸可以改变土壤对重金属不同形态的吸持能力，使具有直接生物毒性的重金属可溶态急剧减少 60%～80%，重金属氧化物结合态、碳酸盐结合态及有机结合态随之增加。研究表明堆肥等有机物不但可以显著降低污染土壤中 Cd、Pb、Zn、As 等的生物有效态含量，降低植物吸收率，还可以显著促进植物的生长；选用壳聚糖添加到供试土壤中，发现其对 V、Cr 的稳定化率分别为 74.04%、46.77%；而生物炭作为土壤改良剂，可以被用来吸附土壤重金属，明显地降低了重金属的生物可利用性和迁移性，原因是生物炭多孔比表面积、阳离子交换量都比较大，且呈碱性，可以调节土壤 pH 值，固定重金属。另外，生物炭可以促进土壤微生物对重金属的降解。

化学淋洗技术的基本原理是将土壤中固相的重金属污染物转移至液相中，

以溶解、络合物、螯合物的形式与淋洗剂相结合，将污染物从土壤中洗脱出来。常用淋洗液一般为水、无机酸、无机盐、螯合剂和表面活性剂。柠檬酸、苹果酸、草酸、丙二酸、富里酸等天然螯合剂对重金属也有较好的螯合作用，不易引发二次污染，且利于生物降解，在淋洗修复实践中应用较广。由于化学淋洗技术可以促进污染物在土层中的迁移流动，因此在应用上有一定的限制。另外，表面活性剂作为土壤外加物质，对土壤也有一定的潜在危害，所以化学淋洗技术的突破口就是找到一种无害的淋洗剂，既能降低污染物含量又不会产生二次污染。

4.2.4　生物修复技术

生物修复技术是指利用植物、动物、微生物，对土壤中的污染物进行降解或者转化，所以可分为植物修复、动物修复、微生物修复技术。

植物修复技术是使用对重金属具有超富集作用的植物，使重金属转移至植物的根、茎、叶、果实中，降低了土壤中重金属含量，植物修复技术是一种原位修复技术。植物修复可以分为植物稳定、植物提取、植物挥发。植物稳定是将重金属吸收、累积到根部或迁移到根际；植物提取是将土壤中的重金属转移并存储到植物根部可收割部分，最终收割植物并集中处理；植物挥发主要是通过树叶蒸腾作用将吸收到植物体内的可挥发性污染物转化为气态物质。植物修复是一种绿色、生态友好型土壤修复技术，而且不会造成二次污染。目前已经发现约有 700 多种超富集植物可对一种或多种重金属发挥富集作用，如娱蛤草、香根草、苔草等。动物修复技术是利用蚯蚓、线虫的吸收、转化、分解等，改善土壤理化性质，提高土壤肥力。其中蚯蚓是最常用的，蚯蚓可以改善土层结构、透水性、通气性。微生物修复技术是通过土壤微生物（细菌、真菌等）

对重金属的吸收、沉淀、氧化还原等作用，来对土壤进行修复。生物吸附是利用微生物自身带电荷的细胞来吸附土壤中的重金属离子，生物转化是使金属离子发生还原作用，使其从高价态变为低价态，再把有机的金属还原成单质。微生物活动可以通过改变土壤的 pH 值、含氧量、土壤微生物酶的活性等，影响植物根系分泌总糖、有机酸等的过程，进而影响土壤对重金属的吸附，降低重金属的生物有效性。微生物修复技术处理形式简单，环境影响小，修复成本低。

4.3　壳聚糖对土壤理化性状的影响

4.3.1　壳聚糖酸溶液对土壤化学性状的影响

壳聚糖酸溶液对土壤阳离子交换量（CEC）的影响主要是通过壳聚糖与土壤中的金属离子相互作用而发生的。壳聚糖与金属离子通过离子交换、物理吸附和化学吸附发生结合，其中以化学吸附中的配位吸附结合力最强，也是不可逆的。壳聚糖酸溶液施入土壤后，壳聚糖通过分子上的氨基和羟基与土壤中 Ca^{2+}、Mg^{2+} 等阳离子形成稳定的配位化合物，使用于交换的 Ca^{2+}、Mg^{2+} 等阳离子总量减少，进而使土壤 CEC 降低。壳聚糖对阳离子的吸附随壳聚糖分子量大小、介质 pH 值的不同而变化，通常介质 pH 值小于 7 时，壳聚糖易吸附金属离子。

酸可能通过两种方式来影响土壤 CEC。一种是酸通过改变壳聚糖酸溶液的 pH 值，从而改变土壤溶液的 pH 值。随着土壤溶液的 pH 值增大，土壤粒子上可变负电荷增加，结果使土壤 CEC 提高。另一种是酸改变了壳聚糖的分子大小及溶液的黏度，从而影响到壳聚糖对重金属离子吸附量的大小。

CEC 与土壤有机质含量有关，通常认为，有机质含量高的土壤，其表面吸附的阳离子多，因此土壤可交换的阳离子总量大。壳聚糖与腐殖酸共聚物及其他的有机物对阳离子的作用机理不同，后者主要通过静电力及范德华力来吸附阳离子，而这种吸附是可逆的，前者则是通过氨基、羟基与金属离子螯合来配位吸附阳离子，形成稳定的螯合物，因此阳离子很难会被释放出来。

4.3.2　壳聚糖酸溶液对土壤物理性状的影响

土壤物理性状是影响作物生产的一个因素，稳定良好的土壤结构有利于植物生长。一般认为土壤中的有机质是形成良好土壤结构的主要因素，有机质主要是通过其分子上羧基、羟基、酰胺基等活性功能基团联结矿物质颗粒来形成和稳定土壤结构，与土壤有机质具有相似功能基团的高聚物也可以稳定和改良土壤，当其施入因物质组成失衡而结构恶化的待改良土壤中时，高分子聚合物也有助于土壤结构的形成和稳定。多糖物质、腐殖酸聚合物以及淀粉接枝物，均可使土壤的物理性状得到较大的改善。

高分子聚合物对土壤的作用效果与其本身的性质有关。不同酸溶解的壳聚糖对土壤渗透性能的影响间存在着极显著的差异，在 3 种壳聚糖酸溶液中，即 0.1mol/L 乙酸（HAc）、0.1mol/L 盐酸（HCl）和 0.2mol/L 柠檬酸（CA），经壳聚糖 HAc 溶液处理后土壤渗透系数最小。这是由于不同酸溶解壳聚糖后的黏度不同所致。黏度过低，壳聚糖分子链变短，对土壤粒子的吸附能力小；黏度过高，壳聚糖易积累在土壤表层，形成被膜状，使土壤的渗透性能降低。壳聚糖对土壤的作用机制可能是，壳聚糖分子链上分布着的大量游离氨基在稀酸中发生质子化，使壳聚糖分子链上带有大量的正电荷，它们与带负电荷的土壤粒子发生作用，借助离子键和氢键同时结合多个土壤粒子，氨基起到了桥梁作用，使许多土壤粒子联结在一起，形成了较大的团粒。同时，壳聚糖大分子链上分布着的许多羟基、氨基、N-乙酰氨基，也可与土壤粒子中的金属离子形成稳定的配位化合物，从而促进壳聚糖与土壤粒子的结合，形成了大的团粒结构。

4.4 壳聚糖在土壤改良中的修复技术

甲壳素和壳聚糖可以改善土壤中的微生物体系，促使有益细菌如自身固氮菌、纤维分解菌、乳酸菌、放线菌的增殖，抑制霉菌、丝状菌等病原菌的生长和繁殖，不仅减少植物病原菌引起的病害，还使得分解甲壳素的细菌数量增加 3～5 倍，这些细菌产生的甲壳素酶能抑制部分真菌的生长或杀死线虫的卵。因此甲壳素和壳聚糖可有效改良土壤，改善作物的生存环境，这也是甲壳素和壳聚糖能够防控土传病害和促进作物生长的重要原因。木栓化根腐病（corkyroot rot）以及黄萎病（verticillium wilt）是番茄土培中最常见的土传病害，主要由 Pyrenochaeta lycopersici 和 Verticillium spp 两类病菌引起。传统种植中防治这些疾病的措施为化学法（溴代甲烷）以及土壤熏蒸法，虽然这两种方法可以有效抑制致病菌，但是同时也抑制了有益菌，并且带来了一系列潜在的环境和人体健康的安全隐患。在土壤中加入上述两种致病菌后，用甲壳素/壳聚糖作为土壤改良剂进行处理，观察不同方法对番茄产量、数量以及尺寸的影响。结果表明甲壳素/壳聚糖作为土壤改良剂能够有效降低土传病害的发生率，增加番茄果实产率、每株数量以及果实尺寸。随着冶矿、工业以及农业的发展，越来越多的有害金属进入土壤中，金属污染也逐渐影响着农产品的质量，应用土壤改良剂来稳定土壤环境是一个不错的选择，土壤改良剂这一性能可以很好地用在农业中。也可将壳聚糖分别与戊二醛、环氧氯丙烷以及乙二醇二缩水甘油醚进行交联，得到一系列交联产物以增加壳聚糖的比表面积及孔径，使壳聚糖可以更好地同 Ag^+、Pb^{2+} 以及 Cu^{2+} 结合。

由于含有丰富的 C 和 N 元素，甲壳素、壳聚糖被微生物分解利用后可以作为养分供植物生长。壳聚糖能将土壤与可溶性蛋白（如胶原蛋白）合成液体土壤改良剂。这种改良剂具有一定的可降解性和稳定性，能降解成优质的有机肥料供作物吸收。同时，它还能使土壤的团粒结构得到有效的改善，因此是一种较好的液体土壤改良剂。若将其喷洒到土壤表面，能形成一层薄膜，这层薄膜在一定程度上可以作为一种物理屏障膜阻止土壤病菌的侵入以及根部营养成分的渗出，从而降低致病菌的活性，促进植物生长。

有日本学者利用壳聚糖与可溶性蛋白（如胶原蛋白）合成液体土壤改良剂，降解后可供作物吸收，能抑制病原菌生长繁殖，改善土壤团粒结构，在土表形成薄膜，有保墒作用，将农药或化肥掺入其中均匀分散，可取得缓释效果。国内研究也表明，土壤中施用壳聚糖制剂后，放线菌等有益微生物数量增加，病原真菌数量减少。有人将壳聚糖（壳寡糖）水性土壤改良剂加入土中，可以改进土壤的团粒结构，使草莓产量增加 29%。在萝卜种苗中加入壳聚糖胶粒，可使水分蒸发减慢，幼苗在停止浇水第四天仍存活，而沙土床中幼苗只存活两天。另外，甲壳素及其衍生物具有吸湿性和保湿性的特点，可与其他材料混合配成抗旱剂或保湿剂，这对于干旱少水的农业区来说是有很大意义的。

目前，壳聚糖用于重金属污水修复的研究较多，而关于壳聚糖在重金属污染土壤修复中的相关研究相对滞后。二者的吸附机理相似，但土壤是一个十分复杂的生态系统，如图 4-1 所示，壳聚糖施于土壤，不仅能够吸附重金属，而且会改变土壤的理化性质，影响土壤微生物的群落结构，从而影响植物对重金属的吸收。此外，改性壳聚糖或低聚壳寡糖也被用作土壤淋洗剂，用于土壤重金属污染修复。

壳聚糖对土壤理化性质状态有较大影响。研究表明，随着壳聚糖施用量的增加，土壤的团粒结构也随之增加。壳聚糖具有良好的生物黏附性，可以将分散的土壤颗粒胶结在一起形成团聚体。此外，壳聚糖分子链上具有大量的氨基基团，能够发生质子化，使壳聚糖带上正电荷，碱性土壤中，它们与带负电的土壤胶体通过离子键和氢键联结在一起，形成壳聚糖-土壤胶体团粒结构。壳聚糖-土壤胶体团粒结构表面分布着许多羟基、氨基、酰氨基，一定程度上降低了土壤中重金属离子的生物有效性，起到重金属原位钝化作用。而重金属钝化修复效果与壳聚糖的脱乙酰度、分子量、污染土壤的 pH 值以及施用量等有关，壳聚糖的脱乙酰度越高，分子链上的游离氨基就越多，越容易螯合重金属离子。壳聚糖是高分子聚合物，只能溶解在稀酸中，使用壳聚糖时，应尽可能处理人工模拟重金属铬（Cr）和汞（Hg）复合污染的土壤，模拟实验周期为 35d，土壤中重金属使用缓冲性强的有机酸溶解，以避免壳聚糖酸溶液对土壤理化性质产生不良影响。在酸性土壤中，壳聚糖会因分子中氨基质子化而溶于水，抑制壳聚糖-土壤团粒结构的生成，使之作为重金属的"迁移载体"，反而提高了重金属的可溶性。

为了提高壳聚糖对重金属的修复效果，壳聚糖常与一些本身具有较好吸附性能的常用钝化剂如钴土、硅酸盐等经过物理或化学作用形成有机-无机复合材料。研究表明，壳聚糖-膨润土颗粒在酸性溶液的吸附过程中没有发生溶解，且在 pH 值为 6～8 时，溶液中 Cd^{2+} 的饱和吸附量达 32.1mg/g，静态吸附率可达 99%，适合土壤 Cd 污染治理。而利用生物炭负载壳聚糖制备的土壤重金属钝化剂，与壳聚糖相比可显著提高对溶液中 Pb^{2+}、Cu^{2+}、Cd^{2+} 的去除率，还可解决土壤中引入具有较高碳氮比的生物炭易造成植物缺氮的问题,提高植物对 Pb 的耐受性, 使植物对 Pb 的吸收量降低 60%。有学者通过稳定性同位素对 Pb 和 Cd 进行标记,研究了沸石和壳聚糖组合对土壤重金属的钝化效果,结果表明沸石和壳聚糖组合对可交换态 Cd 的钝化率达 59%,对蔬菜可食部分吸收 Cd 的抑制率达到了 56%。

壳聚糖土壤重金属污染修复作用机制如图 4-1 所示。

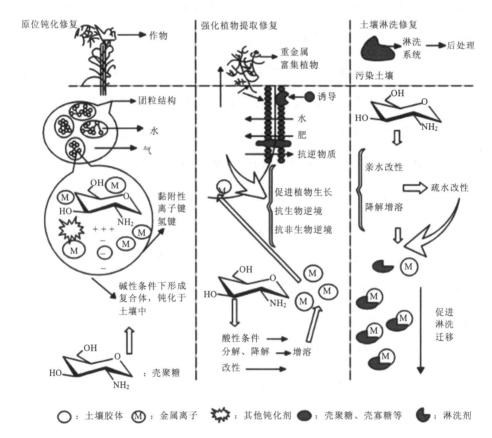

图 4-1 壳聚糖土壤重金属污染修复作用机制

壳聚糖可以作为植物生长调节剂促进植物生长。壳聚糖通过调节植物细胞渗透压来增强植物对水分和营养的吸收,对植物的生长起到调节作用。低聚壳聚糖能有效增加植物体内生长素浓度，同时提高种子发芽率，增强根部活力，促进植物生长。

壳聚糖是一种植物抗逆诱导剂，可以有效缓解重金属对植物的损伤。壳聚糖被称为"植物防御助推器"，植物细胞识别寡糖信号分子后，能够诱发活性氧爆发，引起信号分子传导，激发相关防御基因的表达，诱导植物防御酶活性提高，合成植物抗逆物质，进而提高植物对生物逆境（真菌病害、细菌病害、虫害等）和非生物逆境（盐渍化、干旱、水涝、重金属污染等）的抵抗能力。研究表明，在 Cd 含量为 100mg/kg、150mg/kg 的土壤中，施加 200mg/kg 的壳聚糖能够有效提高植物对营养元素的吸收，显著增加植物的生物量以及总糖、氮、磷、钾、氨基酸等，缓解重金属污染对萝卜的毒害。也有研究表明添加羧甲基壳聚糖会促进油菜对 Pb 的吸收，且植株的生长状况与对照基本一致，一定程度上提高了植株对 Pb 的耐受能力。

壳聚糖促进植物生长，缩短生长期，提高重金属修复效率，且壳聚糖易降解，不会像施用乙二胺四乙酸（EDTA）等合成螯合剂那样带来二次污染，在强化植物提取修复重金属污染中具有广阔的应用前景。

第 5 章　壳聚糖及其衍生物抗菌作用

5.1　壳聚糖的抗菌性

作为一种广谱型抗菌剂，壳聚糖可以抑制多种细菌、真菌的生长，见表 5-1。早在 1988 年，就有壳聚糖具有抗细菌活性的报道；2001 年，陆续的研究表明壳聚糖对牙周菌 Porphyromonas gingivalis 及水生病原菌具有抗菌效果，壳寡糖能抑制口腔病菌放线芽孢杆菌 Actinobacillus、放线菌 Actinomycetemcomitans 与变异链球菌 Striptococcus mutans 的生长；国内有关壳聚糖抗菌性的报道也很多，研究结果表明，壳聚糖对供试的 15 种植物病原真菌均有一定程度的抑制作用，详见表 5-2；壳聚糖对大肠杆菌与金黄葡萄球菌、枯草杆菌、八叠球菌及放线菌等都有不同程度的抑制效果。

表 5-1　壳聚糖的抗菌作用

细菌	最小抑制浓度/ppm	真菌	最小抑制浓度/ppm
Agrobacterium tume/aciens	100	Botrytis cinerea	10
Bacillus cereus	1000	Drechstera sorokiana	100
Corinebacterium michiganence	10	Fusarium oxysporum	10
Erwinia ssp.	500	Micronectriella nivalis	10
Erwinia carotovora ssp.	200	Piricularia oryzae	5000

续表

细菌	最小抑制浓度/ppm	真菌	最小抑制浓度/ppm
Escherchia coli	20	Rhizoctonia solani	1000
Klebsiella pneumoniae	700	Trichophyton equinum	2500
Micrococcus luteus	20		
Pseudomonas jluorescem	500		
Staphylococcus aureus	20		
Xanthomonas campestris	500		

表 5-2　接种在 PDA 培养基上的壳聚糖对植物病原真菌的抑制作用

	病原真菌	径向增长抑制率/%		
		高分子量壳聚糖	低分子量壳聚糖	寡聚糖
1	Rhisopus nigricarts	84±4	62±6	80±5
2	Valsa mali	79±5	54±4	n. i.
3	Botrytis einerta	81±7	n. i.	n. i.
4	Rhixoctonia solani	73±8	87±4	n. i.
5	Ceratobasidum fragariae	79±6	66±6	n. i.
6	Helminthosporium oryzae	49±9	n. i.	88±5
7	Phomopsis Jukushi	83±9	83±5	n. i.
8	Fusarium oxysponunf.sp. Melonis	56±9	86±3	82±4
9	Fusarium axysporum f. sp. Lycopersici	51±9	69±2	85±5
10	Altemaria altemata	69±7	86±2	94±3
11	Aitemaria alternata apple pathotype	74±10	n. i.	n. i.
12	Altemaria alternata Japanese pear pathotype	66±3	n. i.	n. i.
13	Aspergillus niger（LAM 3001）	n. d.	107±7	116±8
14	Ciadosporium cucumerinum	72±11	n. i.	114±10

	病原真菌	径向增长抑制率/%		
		高分子量壳聚糖	低分子量壳聚糖	寡聚糖
15	Gtomerella cingulata	84±4	62±6	80±5
16	Pyricularia oryzae	79±5	54±4	n. i.
17	Penicillium citrimun（ATCC 9849）	81±7	n. i.	n. i.
18	Venturia inaequalis	73±8	87±4	n. i.

注　n. i.表示不抑制；n. d.表示不确定。

5.2　壳聚糖衍生物的抗菌性

壳聚糖不溶于水，只溶于稀酸溶液，因而限制其在多方面的应用。为了增强壳聚糖的水溶性，人们制备了多种壳聚糖的衍生物，并研究了它们的抗菌性。研究表明，羧甲基壳聚糖对金黄色葡萄球菌、绿脓杆菌、伤寒杆菌、大肠杆菌、志贺菌以及口腔变形链球菌、口腔乳酸杆菌都有抑制作用；磺酸化与苯磺酸壳聚糖对细菌有较强的抗菌性；壳聚糖季铵盐具有比壳聚糖更强的抗菌性；有学者用壳聚糖与氧化丙烯在碱性条件下合成了羟丙基壳聚糖，并将马来酸钠接枝到上面去，100ng/mL 接枝的共聚物在 30min 内就可杀死 99.9%金黄色葡萄球菌和大肠杆菌；还有人合成了带有壳寡糖支链的海藻酸钠，并用少量的壳寡糖（1.8wt%）就能全部抑制微生物的生长，表明其具有良好的抗菌活性；国外研究人员将二乙氨乙基（DEAE）引入到甲壳素的六位羟基上合成了 DEAE-甲壳素，再将 DEAE-甲壳素经脱乙酰化后制备出 DEAE-壳聚糖，然后将 DEAE-甲壳糖季铵化合成了三乙氨乙基-甲壳素（TEAE-甲壳素），经测定它们的抗菌性为 TEAE-甲壳素>DEAE-壳聚糖>DEAE-甲壳素；还有学者在甲壳素与壳聚糖的 C-6 位引入了 α-甘露糖支链合成了带有 α-甘露糖支链的甲壳素与壳聚糖，并证明这种支链壳聚糖具有显著的抗菌性；酶-壳聚糖的交联产物对大肠杆菌也具有增强的杀菌活性。浓度为 4mg/mL（pH 值为 5.4～6.8，温度为 37℃）的 N-羧甲基壳聚糖-3,6-二硫酸酯对体外培养的金黄色葡萄球菌、链球菌、奇异变形菌、大肠杆菌等有抑制作用。国内还有人报道了壳聚糖碘液的杀菌性，羧甲基壳聚糖银的抑菌活性等。

有关壳聚糖的抗菌机理目前尚无定论，但人们提出了几种可能的机理，而且与分子量有关。一般认为高分子量的壳聚糖不能进入细胞内部，只能作用于细胞表面，而低分子量的壳聚糖可以穿透细胞进入到其内部，因而它们的抗菌机理是不同的。分子量小于 5000 的壳聚糖能够渗透进入细胞内部，与 DNA 结合并抑制 mRNA 与蛋白质的合成，从而抑制 DNA 的转录。

对于真菌，一般认为壳聚糖的抑菌作用机制与其增加菌丝细胞膜的透性有关。人们通过扫描电镜发现，壳聚糖使孢子聚集，形态异常，影响了肿胀、芽管的出现和极化。在植物抗病性方面，壳聚糖有双重功效：一是壳聚糖对植物病原菌的直接抑杀作用；二是壳聚糖可以诱导寄主组织的抵御机制，如壳聚糖诱导植物产生几丁质酶，在植物组织中，这种酶可以降解真菌的细胞壁。

5.3 壳聚糖及其衍生物抗菌性的影响因素

壳聚糖及其衍生物的抗菌性受多种因素的影响，如分子量（Mw）、脱乙酰度（DD）、壳聚糖衍生物的正电荷密度、溶剂、介质 pH 值、温度、衍生物的取代基种类、取代位置、取代度以及供试菌的种类等，因而在具体应用时应针对不同的用途、环境条件来合理选择不同规格的壳聚糖及其衍生物，以达到最好的抑菌效果。

尽管壳聚糖具有广谱抑菌活性，但是对不同种属的真菌、革兰阳性和革兰阴性菌的抑菌活性不尽相同。一般来讲，壳聚糖对细菌的抗菌性强于对真菌和酵母菌，对细菌而言，壳聚糖对革兰阳性菌的敏感性高于革兰阴性菌。

国外研究人员对新鲜采摘后的草莓进行壳聚糖溶液保鲜测试后发现，较低浓度时的壳聚糖溶液（1.5mg/mL）即可以有效抑制 B.cinerea（番茄灰霉菌）和 R.stolonifer（匍枝霉菌）的繁殖；而当壳聚糖浓度升高至 10～15mg/mL 时，采摘的草莓在 14 天的储藏期内 B.cinerea 和 R.stolonifer 增殖的数目大幅减少。还有学者在苹果汁中添加一定浓度的壳聚糖溶液后对 7 种丝状真菌 [A.flavus（黄曲霉）、C.cladosporioides（芽枝霉）、M.racemosus（总状霉菌）、P. aurantiogriseum（黄青灰霉菌）和其他 3 种丝衣霉菌] 进行了抑菌评估，结果表明在 10g/L 的壳聚糖溶液浓度时，会对 3 种丝衣霉菌起到完全抑制生长的效果，而在添加 0.1～5g/L 浓度的壳聚糖溶液时，可以对另外 8 种致腐酵母菌起到部分抑制生长的效果，研究认为壳聚糖作为天然抑菌材料可以导致真菌细胞结构的破坏。

相比于真菌，不同菌属的革兰阳性细菌和革兰阴性细菌由于细胞结构的不同，对壳聚糖溶液的生物活性也不尽相同。对 3 种具有代表性的革兰阳性和两种革兰阴性的水生病原细菌进行壳聚糖抑菌活性评估后发现，几种细菌的亲水性顺序和细菌膜表面的壳聚糖浓度高低顺序为 Pseudomonas aeruginosa（绿脓杆菌）>Salmonella typhimurium（鼠伤寒沙门氏菌）>Escherichia coli（大肠杆菌）>Staphylococcus aureus（金黄色葡萄球菌）>Streptococcus faecalis（粪链球菌）；并且相比于革兰阳性菌，壳聚糖对革兰阴性菌的抑菌活性更为明显。研究人员的实验结果进一步表明壳聚糖的抗菌活性和细菌细胞壁的表面特性是密切相关的,细菌细胞壁表面吸附更高浓度的壳聚糖将导致细胞壁的结构和细胞膜的通透性发生改变,最终导致细菌死亡。

但也有其他研究表明,壳聚糖对不同细菌的抑菌活性并没有显著性差异,如对 11 种不同的细菌和真菌进行抑菌测试后发现,壳聚糖对这 11 种细菌和真菌都有着较好的抑菌活性。表 5-3 总结了壳聚糖对几种常见细菌和真菌的抑菌活性 [以最小抑菌浓度 MIC（Minimal Inhibitory Concentration）来表示]。

表 5-3　壳聚糖对不同菌属细菌的抑菌活性

细菌、真菌	最小抑菌浓度
Escherichia coli	0.025
Pseudomonas aeruginosa	0.0125
Proteus mirabilis	0.025
Salmonella enteritidis	0.05
Enterobacter aerogenes	0.05
Staphylococcus aureus	0.05
Corynebacterium	0.025
Staphylococcus epidermidis	0.05
Enterococcus faecalis	0.05
Candida albicans	0.1
Candida parapsilosis	0.1

对于给定的某种细菌,处于不同的生长阶段也会对壳聚糖抑菌活性产生不同的影响。研究发现,未添加乳化的壳聚糖的金黄色葡萄球菌液在培育初期的 8h 内,菌落总数会从 104CFU/mL 迅速增至 107CFU/mL,而经乳化壳聚糖处理后的菌液在生长对数中期和生长平稳阶段的后期,菌液中的菌落总数分别为 3.75 CFU/mL 和 3.96CFU/mL,并未发生明显改变。实验结果表明壳聚糖对处

于生长对数早期的金黄色葡萄球菌具有良好的抑菌活性。

不同菌属的细菌之间的这种差异可能是由于细菌不同的细胞结构和细菌表面的电荷差异引起的。图 5-1 和图 5-2 分别是革兰阴性细菌和革兰阳性细菌的细胞壁结构。

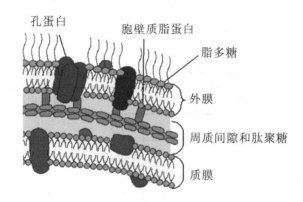

图 5-1　革兰阴性细菌的细胞壁结构示意图

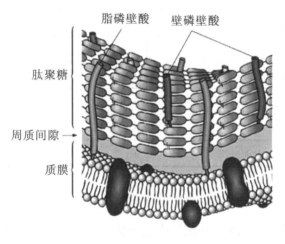

图 5-2　革兰阳性细菌的细胞壁结构示意图

革兰阴性菌的外膜上有一层脂多糖（LPS：lipopolysaccharide），脂多糖与肽聚糖构成了细胞壁层，外膜及壁层的复合结构构成细胞选择性通过的屏障，可以阻止疏水化合物和亲水性的大分子化合物的进入。

革兰阳性菌的细胞壁主要由肽聚糖（PG：peptidoglycan）和磷壁酸（TA：teichoic acid）组成。其中磷壁酸是革兰阳性菌的细胞壁的主要的聚阴离子型聚合物，主链由核糖醇、甘油与磷酸分子交替通过酯键连接而成，部分的壁磷壁酸的末端不深入质膜只与肽聚糖的 N-乙酰胞壁酸残基连接；而脂磷壁酸可以跨过肽聚糖层后与质膜中糖脂的寡糖基部分进行连接。革兰阳性菌的厚度为70～80nm 左右，但是磷壁酸中大量存在的阴离子基团使得其很容易与聚阳离子型材料之间发生静电吸引作用。

不同来源的壳聚糖抗菌性也不同。真菌壳聚糖比从蟹、虾提取的壳聚糖的抗菌性弱，这可能是由于真菌壳聚糖的分子量较高而造成的。不同的测定方法对抗菌性的测定结果也会产生较大的影响，比如一般可溶性的药物可以用扩散法（滤纸片法或是钢管法），但由于壳聚糖溶液具有一定黏度而影响其扩散，因而这种方法对测定壳聚糖的抗菌性就有一定的误差；对壳聚糖进行不同的处理，如化学法、物理法、酶法降解，由于所得产物壳聚糖的一级或高级结构上发生了变化，因而在抗菌性上也会有差异；除此之外，壳聚糖与培养基中的组分如蛋白胨、牛肉膏等会发生反应，因而会影响壳聚糖的抗菌结果。

5.4 壳聚糖及其衍生物抗菌性的应用研究

鉴于壳聚糖无毒、生物相容性良好且无抗原性，并且其年生产量仅次于纤维素，甲壳素和壳聚糖及其衍生物的研究与开发具有诱人的前景和广阔市场。目前，壳聚糖及其衍生物抗菌性主要应用于纺织、农林、医药、食品等行业中。

5.4.1 纺织业上的应用

抗菌织物是具有抗菌、治霉、防臭等功能的织物，它不仅是为了防止织物被微生物玷污而发生变色、发霉、降解脆化等损伤，更重要的是使织物具有卫生保健的新功能。目前抗菌织物主要由两种方法得到：一是利用抗菌剂对织物进行卫生整理加工制得；二是直接采用抗菌纤维制成各类织物。

真丝织物在壳聚糖的醋酸溶液中充分浸渍，多次浸轧后，150℃热处理10min，水洗后真空干燥。其抗菌结果表明，随着壳聚糖处理真丝织物时壳聚糖附着率的提高，细菌繁殖抑制效果也增大。当壳聚糖附着率为 0.9%时，细菌繁殖量仅为未处理的 1/30，可见其不仅具有抗菌性，还具有耐洗涤性。用戊二醛作交联剂，以抗菌材料壳聚糖对棉织物进行卫生整理后，织物对金黄色葡萄球菌、大肠杆菌和白色念珠菌具有良好的抗菌性。壳聚糖处理的羊毛机械性能发生了改变，壳聚糖增加了织物的抗弯刚性，增加的幅度取决于壳聚糖的分子量与汽蒸条件，处理后织物的剪切刚性也增加了，但拉伸性能与摩擦系数降低。因此，在用壳聚糖对织物进行卫生整理时，还要考虑其对织物其他性能的影响，通过调整壳聚糖的参数与整理条件来得到理想的抗菌织物。

抗菌纤维织物较抗菌整理织物具有可长期维持抗菌特性和不影响纤维手感等优点。故抗菌纤维的开发越来越被人们所关注。日本富士纺织株式会社用特殊超微粉碎机把壳聚糖粉碎为粒径在 5μm 以下稳定的壳聚糖微细粉末，将其混炼入黏胶中制得壳聚糖-粘胶抗菌纤维 Chitopoly，这种纤维可以单独使用，也可与棉、聚酯等混纺，其制品具有优良的抗菌性能，在反复洗涤 50 次后仍保持较好的抗菌效果。以 N，O-羧甲基壳聚糖为增溶剂，将微晶壳聚糖不分散体与黏胶纺丝混合液混合制备的纺丝液可纺性良好，可进行连续纺丝，纺出的丝力学性能良好，而且在壳聚糖的添加量在 0.3%时就能显示出良好的抗菌效果，并且其抗菌性随抗菌剂添加量的增加而增大，此抗菌纤维的抗菌效果持久，经多次洗涤后，抗菌效果仍然明显。

纤维素溶剂法纺丝是一种环保、节能、直接的方法，代表着纺丝工艺的方向。在壳聚糖-纤维素溶剂法纺制的研究中，壳聚糖、纤维素共溶剂的选择是首先需要解决的问题。有人用 TFA 为共溶剂，成功地配制了一定浓度的壳聚糖和纤维素共溶液，并用乙酸或甲酸调节该溶液的黏度，制得壳聚糖-纤维素混合膜。但 TFA 作为一种强酸，在溶解纤维素的过程中，难以避免地导致纤维素的降解，这一点对于膜的强度是不利的。

用壳聚糖与缩水甘油三甲铵反应合成了壳聚糖水溶性衍生物 N-2-羟丙基-3-三甲氯化壳聚糖胺（HTCC），将 HTCC 与聚丙烯腈（PAN）用硫腈化钠水溶液作共溶剂来共混，然后用湿纺和拉丝工艺制成 PAN-HTCC 共混纤维。结果发现，只要加入少量的 HTCC 就可得到具有抗静电性能与抗菌活性的共混纤维。然而这种抗菌性在洗涤过程中会丧失，为了获得持久的抗菌性，用二羟甲基二羟基亚乙基脲（DMDHEU）、丁烷四甲酸（BTCA）与柠檬酸（CA）等交联剂通过共价键来固定 HTCC。结果表明，棉纤维用 BTCA 与 HTCC 一次处理后可得到持久的抗菌性与持久性的压烫特性。用 0.01%和 0.05%的壳寡糖（分子量为 1814，脱乙酰度为 84%）溶液处理的聚丙烯无纺布对变形杆菌、金黄色葡萄球菌和大肠杆菌有较强的抗菌性，抑菌率高于 90%，但壳寡糖浓度低于 1.0%时对绿脓杆菌和 Klebsiella pnermoniae 没有抑菌效果。但当壳寡糖浓度增加后，纤维变得僵硬，透气性较差，纺织强度降低。将壳聚糖或壳寡糖通过形成亚胺接枝到聚酯纤维上去，结果表明这种纤维对金黄色葡萄球菌、大肠杆菌和绿脓杆菌具有较强的抗菌性。研究人员用不同分子量的聚乙二醇

（PEG）合成了聚氨基甲酸乙酯（PU）的前聚物，然后将 PU 前聚物与壳聚糖混合后处理羊毛纤维，结果发现，随着处理温度的提高、热处理时间的增长以及处理剂浓度的增加，羊毛纤维的抗皱缩性与抗菌性得到了改善，且纤维强度有所提高，但纤维容易变黄且柔性变差。

壳聚糖本身或沉积在织物上的壳聚糖基复合材料的共混物大多经过了持久的抗菌活性测试（几乎所有抗菌研究都包括大肠杆菌和金黄色葡萄球菌，分别代表革兰阴性菌和革兰阳性菌）。使用射频等离子体处理的壳聚糖或寡聚体涂层的泰国真丝织物表现出抗菌作用，用脱乙酰壳多糖处理的聚酯/棉织物可以替代抗菌三氯生。使用紫外线辐射接枝到棉布或羊毛上的壳聚糖在多次洗涤循环后具有抗菌活性。壳聚糖还原为纳米颗粒，并应用于羊毛织物上，具有持久的抗菌性和防缩性能。应用于棉花的纳米化壳聚糖除具有抗菌活性外，还表现出热稳定性，紫外线防护以及增强的染料结合能力。

5.4.2 农林业上的应用

在农林业上，壳聚糖可以用作土壤改良剂、种子处理剂、叶面喷施剂、果蔬保鲜剂等。0.1～1mg/mL 的壳聚糖作种衣与 0.5～1mg/mL 的壳聚糖作土壤改良剂可以有效防治真菌尖孢镰孢 Fusarium oxysporum，但值得注意的是，0.1mg/mL 的壳聚糖虽然延迟了病害的发生，但 7～10 天内植物出现了萎蔫现象，一周后有 80% 的植物死亡了。研究结果表明，2～8mg/mL 的壳聚糖处理小麦种子后通过控制种传病原菌禾谷镰孢 Fusarium grainearum 感染，显著提高了种子的发芽率，当浓度大于 4mg/mL 时，提高了种子活力，且通过控制种传病原菌 F.grainearum 的感染可以使农作物产量提高 20%。用水溶性壳聚糖对水稻和油菜种子进行处理后，水稻恶苗病和油菜菌核病的发生率均明显下降，这可能来源于两种机理，一是壳聚糖对病原菌的直接抑制作用，二是诱导了植物的抗病性。甲壳素能作土壤改良剂来抑制土壤中植物寄生线虫的生长。在农业上，由于壳聚糖具有防腐抗菌性与成膜性，可以用作果蔬保鲜剂。近来研究表明，壳聚糖处理番茄可以延缓成熟，减少腐烂。草莓用 Botrytis cinerea 或 Rhizopus stolanifer 孢子悬液接种了以后，再用 10mg/mL 或 15mg/mL 的壳聚糖溶液处理，在 13℃ 下贮藏 14 天后由这两种菌引起的腐烂明显减少，用 15mg/mL 的壳聚糖溶液处理的草莓可以减少腐烂率 60% 以上。用 1% 的壳聚糖酒石酸溶液对采后国光苹果涂膜，然后将其装入食品塑料袋中在 3～8℃ 下贮藏 5 个月，果实保持绿色，有光泽，无皱缩，好果率达 98%，而对照果贮藏 3 个月出现皱缩和烂果，4 个月发生虎皮病，5 个月好果率仅为 10%。用含金属离子的壳聚糖涂膜剂研究葡萄的常温保鲜效果，结果表明，含铜、钴、镍离子的壳聚糖膜可有效制止葡萄的腐烂率和鲜重损失，保持感官品质，延长存放期。壳聚糖能抑制真菌且能形成半透性膜，改变内部气体组成，降低呼吸消耗，延缓果实成熟，从而能减少果实腐烂。

5.4.3　食品工业上的应用

由于壳聚糖是一种安全的生物聚合物，可以食用，因而其在食品工业上的应用也得到了广泛的关注。在这方面的应用主要是作为食品、饮料添加剂和用来制备食品包装膜。

壳聚糖在"简单"的液体体系如酸溶液中有抗菌性，并不完全说明其能作为防腐剂应用到复杂的食品体系中，因为在真正的食品体系中，壳聚糖可能会与食品中的组分发生反应，从而改变其抗菌性。因而很多学者研究了壳聚糖在各种食品和饮料如苹果汁、蛋黄酱与虾沙拉、牡蛎、虾、蜜饯金橘、牛肉香肠、肉、面包等中的抗菌活性。结果表明，当整个或无头虾（Pandalus borealis）在浓度为 0.0075%～0.01%的壳聚糖溶液中浸过后，在 7℃下贮藏 20 天内，壳聚糖对几种微生物都有较强的抑制作用；浓度为 6g/L 的壳聚糖抑制了蜜饯金橘中霉菌的生长；在剁碎的牛肉馅饼中加入 1%的壳聚糖，30℃下贮藏 2 天或 4℃下贮藏 10 天，细菌数量减少 1～2 个对数循环。有学者还将壳聚糖和降解的壳聚糖应用到消毒的苹果-接骨木花果汁中，结果认为壳聚糖在此类食品中作为防腐剂具有广阔的应用前景。羧甲基壳聚糖也可用于鱼类、禽类食品的保鲜防腐。在酱油中添加羧甲基壳聚糖，其抑制酵母菌繁殖的效果优于苯甲酸和苯甲酸钠，可敞开存放一个月以上，对酱油的品质和风味无任何影响，是一类理想的食品防腐保鲜剂。

食品腐烂或食品传播病害的不断发生是由微生物侵染和生长引起的。解决这个问题的最普遍的方法是热处理，其次是用抗菌物质浸泡或喷洒在食品表面来控制微生物的生长。食品包装可以将食品与环境因素如微生物和化学物质等隔离，因而在食品安全性方面起着重要的作用。由于壳聚糖基材料将抗菌性能与生物降解性和生物相容性相结合，因此成为食品包装研究的重点。此外，基于壳聚糖的材料具有保鲜食品的抗氧化活性和成膜能力，从而可以生产透明的箔和袋。在过去的几十年中，已经建立了各种方法来制备壳聚糖膜，包括流延、涂层、挤出和逐层合成，并且对所得材料的抗微生物和抗氧化活性以及其光学、机械、阻隔和热特性进行了测试。壳聚糖也已与其他功能材料结合，形成了具有极佳防腐性能的复合膜，可用于包装各种食品，例如蔬菜、水果和肉。

壳聚糖和其他天然多糖的组合已经常用于制造功能性薄膜，并应用于食品包装中。这些生物聚合物包括纤维素和各种纤维素衍生物，如藻酸盐、环糊精、葡聚糖、甘露聚糖、果胶、淀粉和木聚糖。壳聚糖/纤维素膜在显示出优良机械性能的同时，保持了出色的抗菌性能。壳聚糖-羟丙基甲基纤维素（HMPC）膜也显示出显著的抗菌活性，研究表明壳聚糖-羟丙基甲基纤维素膜对单核细胞增生性李斯特菌有抗菌作用，发现细菌生长在该膜上被完全抑制。同样，当在包装奶酪上进行测试时，壳聚糖-羧甲基纤维素膜显示出极好的食品保存性能。抗菌壳聚糖-海藻酸盐薄膜在食品包装方面也具有巨大潜力，特别是当通过逐层静电沉积方法制备时，它们显示出改善的气体交换和透湿性。据报道，含有精油的壳聚糖-环糊精薄膜具有食品包装所需的机械性能，而且这种材料对多种病原菌显示出显著的抗菌活性。

许多研究结果表明，壳聚糖作为多种水果、蔬菜的包膜材料表现出较强的抗细菌与抗真菌活性。壳聚糖已经成功地用于食品包装中。在加拿大和美国，已经用 N，O-羧甲基甲壳素膜来保鲜水果。坚硬的壳聚糖膜可以通过使用戊二醛、二价金属离子、聚电解质甚至阴离子多糖等交联剂来形成。壳聚糖或其衍生物也可以与其他多糖一起制备壳聚糖膜，如纤维素-羧甲基壳聚糖共混膜，对金黄色葡萄球菌的抗菌性大于纤维素膜，并且随羧甲基壳聚糖含量的增加而增强，羧甲基壳聚糖的取代度在 0.4 左右时，共混膜具有最佳的抗菌效果；O-羧甲基壳聚糖-纤维素共混膜在 O-羧甲基壳聚糖含量只有 2wt%时对大肠杆菌就表现出较好的抗细菌活性；将壳寡糖接枝到经臭氧处理的聚硫膜上，使这种膜对大肠杆菌与金黄色葡萄球菌表现出较强的杀菌活性；壳聚糖-水杨酸-明胶共混膜具有抗真菌活性。壳聚糖膜、壳聚糖-果胶压膜、壳聚糖-甲基纤维素膜等也具有类似特点。实验证明，壳聚糖膜可以增强预煮的意大利烘馅饼的抗真菌性。也有人将抗菌剂如醋酸、丙酸、月桂酸或桂醛等加入到壳聚糖膜里，将壳聚糖膜应用到大红肠、常规烤制的火腿或五番烟熏牛肉等肉制品的表面，使抗菌剂能从膜中缓慢释放到食品表面，从而抑制微生物的生长。

5.4.4　医药方面的应用

壳聚糖及其衍生物具有生物黏附性、生物相容性、生物降解性，可以促进伤口愈合，而且是一种广泛使用的高效药物缓释材料，再加上其本身具有广谱抗菌性，因而壳聚糖是一种非常理想的生物医药材料，如伤口包扎材料、药物缓释材料，还可以作组织工程的支架材料。再者有些壳聚糖衍生物如羧甲基壳聚糖与银的复合物对烧伤感染常见的致病菌如金黄色葡萄球菌、大肠埃希菌、铜绿假单胞菌有较强的抑菌效果，抑菌率分别可达到 88%、80.2%、75.3%，可作为一种新型的预防、治疗烧伤感染的药物。壳聚糖及其衍生物如羧甲基壳聚糖、壳寡糖等对口腔病原菌如口腔变形链球菌、口腔乳酸杆菌等具有很强的抑制能力，可用于口香糖、牙膏或是漱口液的配方中。

壳聚糖还可作为药物载体和缓控释放材料。壳聚糖及其衍生物可以凝胶、颗粒、片剂、薄膜、微囊等形态包封药物，广泛应用于药物缓释和定位输送。作为组织工程细胞支架的生物材料，首选必须具有生物降解性、良好的生物相容性和细胞亲和性，其次是支架应具有足够大的表面以便于细胞黏附，再者支架材料还必须具有一定的力学性能、可加工性和可消毒性。壳聚糖或是其衍生物除了能满足组织工程对支架材料的各种要求外，本身还具有抗菌性，这是其他材料难以比拟的，所以壳聚糖是一种理想的药物缓控释放载体和组织工程生物材料。壳聚糖作口腔抗菌药物载体材料时，既能控制释放抗菌药物，同时其自身对口腔病原菌也有杀菌作用，双重功效使其具有更强的抗感染效果，如包含有 0.1% chlorhexidine gluconate 的 2%壳聚糖水凝胶表现出非常强的抗菌性，其最小抑菌浓度为 0.25mg gel/cm^3。有研究人员制备了新颖的壳聚糖双层材料用作人表皮成纤维细胞组织工程的支架,这种材料是由一层致密的壳聚糖外膜与一层冻干制成的多孔壳聚糖海绵制成的，干厚的外膜层有 19.6μm，海绵层控制在 60～80μm。人表皮成纤维细胞就种在壳聚糖海绵层，培养 4 周后发现，细胞在 15～100μm 的大孔的平底部呈延伸状生长与繁殖，在粗孔壁上或小于 5μm 的微孔边缘长成球形。培养后的成纤维细胞能通过新形成的细胞外基质形成活细胞-基质-壳聚糖组合物而与海绵层紧紧地结合在一起。这种双层壳聚糖材料在细胞培养过程中能稳定地保持其形状与大小。结果表明，双层壳聚糖材料能够替代骨胶原材料，因为骨胶原材料在细胞培养过程中会萎缩。

壳聚糖衍生物如羧甲基壳聚糖由于其优良的水溶性、保湿性、乳化性、成膜性能，可用作化妆品的功能性成分，加上其具有杀菌抑菌的效果，特别适合用于清洁剂、洗手液、洗面奶等化妆品中。壳聚糖作为洗发水的功能成分，还能使头发柔软、光泽、富有弹性、防止开叉和断裂。

第6章 甲壳素和壳聚糖的清洁生产

众所周知，甲壳素是仅次于纤维素的全球第二大资源，且大部分蕴含在海洋中。在我国沿海的一部分企业利用得天独厚的地域优势，在接受大自然给予恩赐的同时也不同程度地影响我们赖以生存的自然环境。在经济增长和人口、资源、环境之间的矛盾日益突出的情况下，正确处理人与自然的关系，继续推进可持续发展，是我们发展强国的必经之路。而清洁生产能兼顾人与自然的共同需要，正逐渐成为整个甲壳素行业健康发展的主题。

6.1 清洁生产项目的实施背景

6.1.1 清洁生产的概念

清洁生产是指既可满足人们的需要，又可合理使用自然资源和能源，并保护环境的实用生产方法和措施。其实质是一种物料和能耗最少的人类生产活动的规划和管理，将废物减量化、资源化和无害化，或消灭于生产过程之中。

甲壳素清洁生产是一项为实现经济与环境协调持续发展、对生产过程和产品持续运用整体预防的环境保护战略，从生产、环保一体化出发，采用全过程控制的方法，因而是甲壳素工业生产的一种可持续发展模式，符合新型工业化要求。

清洁生产同时也是通过产品的设计、原料的选择、工艺的改革、技术管理及生产过程内部循环利用等环节的科学化和合理化工程,使工业生产最终产生的污染物最小的工业生产方法和管理思路。

6.1.2 甲壳素生产排污的现状

甲壳素由于无毒,生物相容性好,可生物降解,成膜性好,因而在废水处理、食品工业、纺织、化工、日用化学品、农业、生物工程和医药等方面得到了较为广泛的应用。但甲壳素生产过程会产生一种高浓度高盐度有机废水,其污染物成分为大量的 $CaCl_2$ 及其他盐类、大量动物蛋白(虾、蟹壳蛋白)及其降解产物、虾(蟹)壳色素、油脂、原料本身带入的杂质、少量的甲壳素和壳聚糖等。以日产 1t 甲壳素计,每年要向环境水体排放 $10×10^4t$ 生产污水,给水产养殖和人们的生活环境带来严重的威胁。

我国是甲壳素及氨基葡萄糖盐酸盐、硫酸盐(以甲壳素为原料生产)出口大国,其中浙江、福建、大连和青岛等沿海地区的相关产品大量出口日本、美国等地。由于工业发达国家大多是进口其他国家的甲壳素或相关产品作为原料进行深加工,生产精细化工或医药产品,故而他们将大量的污染留在了甲壳素生产国。因此,开展甲壳素清洁生产技术开发,对于控制环境污染和提高甲壳素产业竞争力具有重大意义。

目前在甲壳素生产污水的治理中,大多采取简单的末端治理方式,这种处理方式往往投资较多,规模效益和综合效益差。末端治理把污染物全部集中在尾部处理,数量多,负荷大,一次投资运行费用高,对分散源更难发挥投资的综合效应。末端治理只注意末端净化,不考虑全过程控制,只重视污染物削减,不考虑资源和能源最大限度地利用,往往是污染物在不同介质的转移,而不是从根本上消除污染,容易造成二次污染,难以达到良好的效果。

虽然如此，各地还是展开了许多卓有成效的工作。大连市环境科学设计研究院采用生物接触氧化法处理甲壳素生产废水，处理前化学需氧量（COD）为 2270mg/L，固体悬浮物浓度（SS）为 442mg/L，pH 值为 9.57，处理规模为 10m³/h，废水经处理后排放水各项指标达到《辽宁省沿海地区污水直接排入海域标准》（DB21-59-89）中的要求，其中 COD、SS 和 pH 值分别为 140mg/L、62mg/L 和 7.27。江苏省如皋市轻工研究所利用酸碱中和以及加 CPF 絮凝剂等方法，回收废液中的蛋白质等物，但未述及处理后排放水各项指标。1999—2000 年，玉环县华海甲壳素精制厂、玉环县海洋生物化学有限公司、台州丰润生物化学有限公司、玉环县澳兴甲壳素有限公司等企业先后委托湖州市环境科学研究所、浙江省机电设计研究院环保市政工程设计研究所、中科院生态环境研究中心、杭州碧水环境工程有限公司、北京国环清华环境工程设计研究院等近十个单位设计出 6 个甲壳素生产废水处理方案，其中成功实施运作 4 个方案，建成的废水处理工程以物化处理为主，洗涤水 80%回用，第一阶段排放水 COD 低于 1000mg/L，SS 为 200mg/L，pH 值为 6～9，色度不超过 80。此外，舟山和青岛等地也实施了若干甲壳素生产废水处理工程，但处理效果不太理想。由于甲壳素生产废水富含有机物和无机物，构成复杂，COD 值和氯根含量高，导致不能采用生化法等常规办法治理，而采用以物化处理为主的末端治理，把污染物全部集中在尾部处理，数量多，负荷大，不能将资源和能源最大限度地利用，一次投资和运行费用高，使企业无法承受。因此，甲壳素生产废水处理成为国内外急于解决的难点。

6.1.3 甲壳素清洁生产的意义

甲壳素废水是以动物甲壳废弃物为原料，通过酸碱处理等工艺，将动物甲壳中与甲壳素（20%～30%）紧密结合的生物钙（40%）和蛋白质（30%）等脱掉过程中形成的由酸浸（液）水、碱煮（液）水和洗涤水构成的一种高浓度、高盐度有机废水（表 6-1）。污染物成分为大量的氯化钙及其他盐类，大量虾、蟹壳蛋白及其降解产物，虾青（红）素，油脂，少量的甲壳素和壳聚糖，及原料本身带入的杂质等。若处理不当，则会变成难降解废水。以日产 1t 甲壳素计，向环境排放 300t 废水。一个年产 3000t 甲壳素的企业，每年要向环境排放 $90×10^4$t 废水，未经处理的废水乌黑发臭，且富营养化，给水产养殖和人们的生活环境带来严重的威胁，甚至还可诱发赤潮。

表 6-1 甲壳素生产废水构成

项目	类别			
	酸浸水	碱煮水	洗涤水	综合废水
COD/（mg/L）	40000～52000	70000～85000	2500～3500	5000～12000
SS/（mg/L）	3000～4700	4000～5800	3000～3600	2000
pH 值	1～2	10～12	5～6	1～2
色度	200～400	200～400	100～200	50～100
废水/（t/d）	40	10	250	300
备注	含第一次洗涤水	含第一次洗涤水	含第二、三次洗涤水	酸浸水、碱煮水、洗涤水

作为一种从海产甲壳动物废弃物中提炼的新型生物材料，甲壳素具有极其广泛的用途。但传统的以物化处理为主的末端治理甲壳素生产废水的方法，不符合清洁生产要求，不仅浪费资源，而且污染环境，已成为制约甲壳素产业发展的瓶颈之一。因此，开展甲壳素清洁生产技术研究，对于实现甲壳素产业的可持续发展、海产甲壳动物废弃物的高值化利用、拉动水产加工业、加速海洋高新技术产业的发展和保护环境具有重大意义。

6.2 清洁生产项目的实施过程

浙江金壳药业有限公司结合自身生产工艺流程特点,通过大量文献调研和市场调查,在实验室摸底基础上,集思广益,综合分析,确定了转变末端治理为产品源头全方位、全生产过程的控制;转变单一的物化处理为生化法、物化法和废水回用;倡导污染物的多元交叉为单一分隔以取代资源回收一体的综合治理的指导原则,不断创新技术,攻坚克难,实现废水处理的减量化、资源化和无害化,最终达标排放。为实现项目的最终完成,编者认为可以从以下 5 个方面实施:

(1)优化生产工艺流程。将原生产工艺中先酸浸后碱煮的生产工艺调整为先碱煮后酸浸。这样的改革可以有效避免大量虾、蟹壳蛋白及其降解产物,虾青素,油脂等与酸浸液的多元交叉混合问题,为酸浸废液的回用和后续废水的生化处理创造有利条件,解决原生产工艺因酸浸液中有机物和无机物多元交叉混合、构成复杂、COD 值和氯根含量高的问题,使原先制约常规生化法治理的瓶颈得以解决。

(2)增加对原料的预处理工序。通过这一环节,生产人员对新鲜原料进行洗涤、压榨挤干,大幅度削减蛋白质、水等物质进入碱煮这一后续工段,同时可部分降低碱煮工段过程中的能源消耗、碱消耗和碱煮洗涤废水量。

(3)变碱煮废水中富含虾、蟹壳蛋白及其降解产物,虾青素,油脂等的少量回收为大部分回收。把将要排放的碱煮废液(或加上碱煮第一次洗涤废水)与微排放的酸中和,回收的蛋白质因富含虾红(青)素,色泽鲜红,可作为高效优质蛋白饲料添加剂,不仅从根本上削减了有机物的排放,而且可以变废为宝，在产生经济效益的同时也降低了综合废水的色度和末端处理的难度。考虑到碱煮废液的体积相对综合废水来说较小，因此在碱煮废液中可以进行蛋白质回收，其回收率要高于末端回收。这样的调整又避免了最后工段中回收时出现回收物发臭的现象。

（4）对酸浸液进行回收利用。这一方法改变了原先对酸浸液不回收的模式，在有效减排的同时进行资源回收，可谓一举多得。在实际生产中，生产人员将酸浸液滤去虾壳等固体物质后，蒸发至一定体积，将滤液冷却结晶，回收氯化钙。蒸馏剩余液回用到酸浸池，后阶段的部分蒸馏液用来制絮凝剂 $FeCl_2$（加少量废铁屑于其中，反应一定时间后，滤去铁渣），余者用作酸浸后虾壳的第一、二次洗水。

（5）创新地变综合废水的单一物化处理为生化与物化相结合处理。综合废水通过自然沉降、分离、上清液部分回用作洗涤用水，部分以厌氧或 UASB 处理后，再絮凝、再好氧或再化学强氧化处理后达标排放。

6.2.1 甲壳素清洁生产工艺优化

根据清洁生产要求进行生产技术设计，可将工艺流程依次调整为以下几个工段：

（1）对原料进行预处理，削减蛋白质、水等物进入后续工艺。

（2）控制碱煮废液的总体积和进入后续工艺中的体积。做法是，将第一批碱煮脱去蛋白质、脂肪和色素的半成品，通过离心脱去废液，废液回用于下一批原料的碱煮，除第一批外，整个碱煮过程中可不再另外加入碱煮用水。碱煮水洗后的壳也进行离心脱水。将碱煮废液与蒸馏出的废酸中和回收蛋白质后，其清液合并至综合废水，或回用于下一次的原料虾壳洗水，其工艺流程如图 6-1 所示。

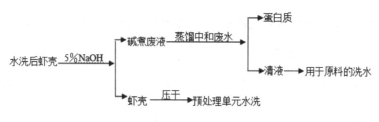

图 6-1　清洁生产中碱煮流程图

（3）将酸浸脱去生物钙的甲壳素成品，通过洗涤和离心脱去液体，进入后续工艺，将累积的酸浸废水进行蒸馏后回收剩余盐酸和氯化钙等资源。其工艺流程如图 6-2 所示。

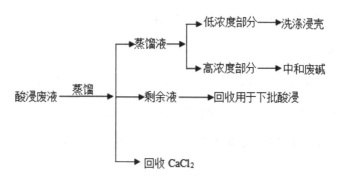

图 6-2　清洁生产中酸浸流程图

（4）对经漂白的甲壳素成品进行烘干包装，将综合废水进行絮凝，上清液回用，其余综合废水进行 UASB 处理后回用，少量排放。

6.2.2　企业生产中试现场操作说明

1. 生产原料预处理

诚如上述，在生产前需要将甲壳素原料（虾、蟹壳）进行预处理，主要分为压榨和水洗两个部分。这样做的主要目的是可以有效减少原料中蛋白质等的含量（虾壳重量明显下降），为后续生产提供有利条件。

（1）压榨：原料虾壳重 30t（含水量为 80%）。经压榨后进入水洗的虾壳重 24.1t，减少重量 19.66%。

（2）水洗：经水洗后虾壳重量为 20.04t（含水量为 72.14%），减少重量 9.96t，与原料相比减少重量 33.2%。

2. 碱煮

将上述得到的 20.04t 虾壳以 1t 碱煮液进行分批碱煮，每 400kg 一批。在经过碱煮脱去蛋白质等物质后甩干，虾壳重量为 11.7t，即 8.34t 物质留在废液中。加上之前的 1t 碱煮液，这一工序所需排放的碱性废液总量仅为 9.34t，假设其密度为 1，则废碱液体积不足 10m³。为结合企业的实际生产，通过大量实验模拟（表 6-2），以废碱液对 COD 的贡献值为指标，得出如下结论：这一环节，只要控制碱煮完毕时碱浓度不超过 2%（需要时可用盐酸来中和），碱煮废液总体积不超过 30t，则出水 COD 值可满足小于等于 300mg/L 的要求。如总质量控制在 30t 内，则出水有可能达二级排放标准；总质量控制在 20t 内，出水有达一级排放标准的可能。

表 6-2　废碱液排放对 COD 值的贡献

碱煮废液质量/t	20		25		30		40		50	
碱煮废液浓度/%	1	2	1	2	1	2	1	2	1	2
COD 绝对值/kg	40	80	50	100	60	120	80	160	100	200
理论 COD/（mg/L）*	160	320	200	400	240	480	320	640	400	800
实测 COD/（mg/L）*	—	94	—	174	14	254	94	414	174	574
理论 COD/（mg/L）**	133	267	166	334	200	400	267	533	533	666
实测 COD/（mg/L）**	—	41	—	174.5	—	174	41	307	107	440

注　实际测定时可掩蔽 1000mg Cl⁻，即 226mg COD；*每生产 1t 甲壳素，总废水以 250t 计；**每生产 1t 甲壳素，总废水以 300t 计。

3. 酸浸

（1）进入酸浸液总虾壳重：11.7t；离开酸浸液虾壳（甲壳素）重：3.9t；酸浸废液增加重量：11.7-3.9=7.8t。

（2）酸浸方式：分池酸浸（让第一浸池中氯化钙浓度增大）、分批酸浸（减少酸浸液总体积）。控制初始酸浸液体积尽可能小。

（3）酸浸废液总重量：30%工业盐酸 8t，其实从第二批以后，再加入的盐酸量为6t（因为回收了蒸馏剩余液中的浓盐酸，实际用量少于8t），虾壳3.9t，加上初始酸浸液1t，共 13.8t（6.0t 的盐酸和7.8t 的增重）。其中生成的氯化钙约 2～3t，副产物二氧化碳约 1t 离开了体系，故剩余需要蒸馏的废酸浸液的总质量约为 10.8t，当蒸馏出 3/4 质量时可停止蒸馏（以后每次无需初始液，且可回收 2t 左右 30%的盐酸）。

（4）馏出液的去向：用于中和碱煮废液。

（5）蒸馏出的酸性液对 COD 值的贡献：以剩余盐酸为 1%～2%计，10.8t 废液中含有盐酸108～216kg，其 COD 绝对值为 24.5～48.9kg。而蒸馏液中盐酸重量只占酸浸废液中盐酸重量的约 5%，即（24.5～48.9kg）×5%=1.23～2.45kg。以总废水 250t 计，引入 COD 相对理论值为 4.92～9.8mg/L；若以 300t 计，引入 COD 相对理论值为 4.1～8.2mg/L。

（6）虾壳带出液中的盐酸和氯化钙对 COD 值的贡献：若只一池酸浸和一次酸浸，则离开酸浸废液的虾壳（甲壳素）重量为 3.9t，其中有 1t 为干物质。令其他的 3.9-1=2.9t 的物质完全为带出液，其对 COD 值的理论贡献值为 2.9/13.8×1320mg/L=277.2mg/L（此处 1320 指的是酸浸后完全不处理时的 300t 废水中氯离子对 COD 的贡献值），实测值应为 277.2-226=51.2mg/L（此值超过一级排放标准）。若采用分池酸浸，在虾壳离开第二酸浸池时，其中的氯化钙浓度已经很小，实际上带出液中的 Cl⁻取决于剩余盐酸浓度，假设为 2%，则带出液在 300t 综合废水中的 COD 值为：2.9×2%×35.45/36.44×0.226t/300t=42.5mg/L。其余假设经实验后，结果见表 6-3。

表 6-3　虾壳带出酸浸液对 COD 值的贡献

带出酸浸液重量/t	2.9	5.8	8.7	11.6	14.5	17.4
剩余废液浓度/%	2	2	2	2	2	2
COD 绝对值/kg	12.75	25.5	38.25	51.0	63.75	76.5
理论 COD/（mg/L）*	51.0	102.0	153.0	204.0	255.0	306.0
实测 COD/（mg/L）*	—	—	—	—	29.0	80.0
理论 COD/（mg/L）**	42.5	85.0	127.5	170.0	212.5	255.0
实测 COD/（mg/L）**	—	—	—	—	—	29.0

注　实际测定时可掩蔽 1000mg Cl⁻，即 226mg COD。蒸馏出的酸性液的 COD 值为 5.0～10.0mg/L，忽略不计；*每生产 1t 甲壳素，总废水以 250t 计；**每生产 1t 甲壳素，总废水以 300t 计。

由上述的两部分数据可知，采用清洁生产技术，每生产 1t 甲壳素，产生碱性废液 9.34t，以其浓度为 2%计，综合废水分别以 300t 和 250t 计，由氯离子引起的实际贡献值测不出（理论 COD 值分别为 121.3～145.6mg/L）；酸性废液 10.8t，蒸馏出 3/4 质量后，可回收 2t 左右 30%的盐酸和约 2t 的氯化钙。我们知道，最终废水中的 COD 值不是碱煮和酸浸部分 COD 值简单地几何相加，而是应该取其最大值。因而，由氯离子引起的 COD 值是以碱煮单元的贡献为主，且完全可以控制。预处理可以回收蛋白质，通过这样的处理后，无论是有机或无机的 COD 值均可大幅降低，可使难以处理的甲壳素生产废水总COD 值排放总量有望在处理后达到国家污水二级（COD=150mg/L）甚至一级（COD=100mg/L）排放标准。

6.2.3 企业拟定甲壳素清洁生产方案

从实验室小试及现场中试放大的结果看，结果完全能满足 COD 小于等于 300mg/L 的标准。专家一致认为所需设备投资相对较小，工艺较简单，污水治理费用相对较低。而且，只要再稍微改进一下工艺，有达到国家污水排放一级（COD<100mg/L）或二级（COD≤150mg/L）标准的可能。因此该甲壳素清洁生产模式是一种少废或近乎无废的生产模式。拟定的最终企业甲壳素清洁生产方案见表 6-4。

表 6-4　甲壳素清洁生产方案

编号	描述	清洁生产方案	目标	费用
1	虾、蟹壳原料	用绿色溶剂（CO_2 超临界流体）萃取处理	提取虾青（红）素（酯）及油脂（主要为不饱和脂肪酸）等	高费
2	虾、蟹壳原料	①适当破碎并用综合洗涤水水洗；②将壳甩干；③将水洗液絮凝并分离沉淀	①让更多未降解的蛋白质、色素、油脂等有机物率先沉淀下来，减少进入酸碱废液的废物量；②减少壳带入的水进入酸碱液；③变部分蛋白质废物为可销售产品，并降低其含盐量，提升副产物蛋白质中虾青（红）素（酯）的活性和利用价值	低费
3	碱煮	①水洗后壳甩干后再碱煮；②碱煮先于酸浸（虾壳）；③酸浸先于碱煮（蟹壳）	①减少由壳带入的水进入碱煮液以减少碱煮液总质量，节约煮沸时所需能量，削减 COD 排放总量；②使蛋白质、虾红素及部分钙质等集中在碱煮废液中，减少盐酸用量及减轻酸性废液的处理难度；③让含钙量 75% 以上的钙质全部留在酸浸废液中，得到的氯化钙副产物多，且减少进入碱煮液的总质量	低费

续表

编号	描述	清洁生产方案	目标	费用
4	碱煮后水洗液	①高浓度部分用来作下初次初始碱煮液; ②低浓度与多余部分与酸浸后水洗液中和,再用来洗涤原料壳	①～②减少综合废水体积,节约用水	无
5	酸浸及酸浸液	①碱煮并水洗后的壳甩干后(晒干更好)再酸浸; ②酸浸液初始体积尽可能小; ③当酸浓度小至不能再脱钙时,添加浓盐酸或高浓度废酸; ④废液用蒸发器蒸发至一定体积后过滤,滤液冷却结晶; ⑤蒸馏剩余液用做酸浸用酸,蒸馏液用做酸浸后的废液与虾、蟹壳洗水后的废液,再与排放废碱液中和; ⑥将反应中产生的气体收集,让其依次通过原料壳管、湿润的碳酸钙管(除盐酸雾或氯化氢气体)、变色硅胶(除水蒸气)等后,压缩液态,瓶装; ⑦CO_2精制	①减少由壳带入的水进入酸浸液; ②～③减少酸浸液总体积以减少蒸发时的能量消耗; ④减少排入环境的氯化钙含量和COD总量,并回收氯化钙副产物和盐酸; ⑤节约用水; ⑥回收并纯化副产物CO_2,装瓶后出售或作为提取虾青(红)素(酯)的溶剂; ⑦制成工业级或食品级CO_2出售	中费
6	酸浸后水洗液	与碱煮后,再用来洗涤原料壳	减少综合废水体积,节约用水	无
7	废酸蒸馏液	①部分用来洗涤(方式:少量多次)下一次酸浸后并甩干的壳,洗涤液用于再下次酸浸初始液,故总体积应控制在每批酸浸液的初始体积附近; ②部分用来制絮凝剂$FeCl_2$(加少量废铁屑于其中,反应一定时间后,滤去铁渣)以沉淀原料水洗液; ③部分用来中和碱煮液	①减少由于壳质的吸附而带入环境的氯化钙的量,增加氯化钙得率,降低COD排放总量; ②自制絮凝剂$FeCl_2$以降低废水处理成本,并减少除生产体系以外的氯离子源(此体系中的氯离子反正要排放掉。再者,引入铁离子可将氨基酸等降解产物中的硫离子沉淀掉,有利于减少COD); ③将蛋白质在等电点时沉淀(在以甲壳素或氨基葡萄糖盐酸盐为终端产品时,酸多碱少,反正要用额外的碱中和多余的酸,故此碱液无回收的必要)	低费

编号	描述	清洁生产方案	目标	费用
8	综合废水	厌氧或 UASB-好氧处理（或再絮凝）	①通过厌氧发酵，既可去除有机污染物，产生沼气，用于燃料、发电等，又可以把废液中植物不能直接利用的氮、磷、钾转化为可利用的有机肥料； ②发酵后的消化液分离污泥后进入曝气池进行好氧处理、再絮凝或化学氧化，出水达标排放	中费
9	洗涤	少量多次，逆流漂洗		低费
10	污泥		厌氧污泥脱水后可作优质有机肥料，曝气池产生的剩余活性污泥返回厌氧单元进行处理以减少污泥量	低费

6.3 清洁生产中的技术创新

以废弃虾、蟹壳为原料生产甲壳素时，废液中含有大量蛋白质和油脂等，COD 和 BOD 污染负荷高。其中油脂类物质主要是长链脂肪酸和直链的多元醇的脂（甘油三酯、磷脂等）和它们的降解产物，它们较难被单一的好氧过程降解。所以首先利用厌氧微生物把好氧微生物难降解的复杂有机物降解或部分降解的能力，去除污水中的大量有机物，如蛋白质、脂肪类物质，使其代谢成可溶性的小分子物质，如肽、糖类、挥发性脂肪酸等，或进一步氧化成甲烷和二氧化碳，不仅便于后续的好氧处理，而且可回收能量（一般 1g COD 在厌氧条件下完全降解可生成 0.25g 甲烷，相当于在标准状态下沼气体积 0.35L，厌氧生物处理每去除 1kg COD 约能产生 3.5kW·h 电能）。

上流式厌氧污泥床反应器（UASB）技术是高效的生物法废水处理技术。

通过上流的废水与厌氧污泥接触，在适宜的温度、pH 值条件下，产酸菌群和甲烷菌群共同作用，使大分子的有机物降解，最终发酵成混合气体（大量的甲烷、二氧化碳，少量的氮、氢及硫化氢等）。废水中较复杂的有机化合物在产酸菌群（其微生物主要是兼性及专性厌氧菌）的作用下，水解、发酵变成简单的有机物。经过初步分解的有机酸在甲烷菌群（其微生物主要是分解乙酸或丙酸的甲烷杆菌和甲烷球菌）的作用下转化为甲烷和二氧化碳。UASB 具有污泥浓度高、结构简单、运行稳定等优势，是处理高浓度有机废水的理想设备，目前已成为应用较广的厌氧处理方法之一。经 UASB 处理后，低负荷废水的 COD 去除率为 75%～79%，而高负荷废水的 COD 去除率最高可达 86%。即厌氧进水的 COD 值越大，COD 去除率越高。经厌氧处理后的甲壳素清洁生产废水再经过好氧处理后，COD 值进一步下降，8h 后 COD 去除率达到最大（90%）。但从经济角度考虑，曝气 6h 后其 COD 的去除率也可达 80%以上，故将曝气时间定为 6h。经 UASB-好氧法处理后，甲壳素清洁生产废水的出水状况已基本符合国家二级排放标准（表 6-5）。

表 6-5　好氧出水与国家污水综合排放标准的各项主要检测指标对比

指标	pH 值	色度/倍	氨氮/（mg/L）	COD/（mg/L）	COD/（mg/L）
二级排放标注	6～9	80	25	150	30
处理前	6～9	>7500	>500	<1000	>680
处理后	6～9	<80	<25	<25	<30

采用 UASB-好氧法能有效处理甲壳素清洁生产废水。经 UASB 处理后，COD 去除率为 75%～86%。再经好氧处理后，COD 又被去除 85%以上，且废水的其他指标，如色度、悬浮物、氨氮经处理后也都达到了国家二级排放标准。该研究所驯化的污泥，包括厌氧污泥和好氧污泥，具有较好的活性和较高的耐

冲击负荷的能力，对 COD 小于 10000mg/L 和小于 1400mg/L 的废水，去除率均大于 75%。UASB-好氧法的联合使用使甲壳素清洁生产废水中经厌氧处理后还未被完全降解的难降解物质在好氧处理中被好氧微生物进一步降解，有利于甲壳素清洁生产废水的达标排放。

采用 UASB 法处理时，可观察到一般晴天的中午因气温高，产气量较大，而一到傍晚或清晨因温度较低，则产气量明显减少。若采用高温厌氧消化，其效果可能会更好。因为高温消化的反应速率为中温消化的 1.5～1.9 倍，但在实际生产中，可采用常温消化，也可利用废水本身的温度进行厌氧消化，以节约能源和运行费用。

6.4　壳聚糖清洁生产的几种方法

6.4.1　清洁生产方法 1

考虑在生产壳聚糖的过程中，改处理废碱液为利用废碱液，采用氢氧化钾代替氢氧化钠，然后将氢氧化钾废液用于海藻肥生产过程中的海藻消化剂，变废为宝，免除了壳聚糖生产废碱液的处理，同时氢氧化钾废液中含有大量的动物性蛋白质等有机物；硝酸废液中含有丰富的钙及微量元素，使得生产的海藻肥营养更丰富，肥效更好。海藻肥是以海藻提取物为核心物质的肥料，其主要生产工艺以干海带等褐藻为原料，加入氢氧化钾溶液作为消化剂在加热条件下提取，提取液过滤后用磷酸中和等工序得到海藻肥。

具体步骤如下：

（1）在反应釜中加入 6%～8%（V/V）的硝酸溶液，然后按蟹壳与硝酸溶液 1∶6（W/V）的比例加入干蟹壳，浸泡 30～50h，浸泡完毕后收集废硝酸溶液，将蟹壳离心甩干。

（2）将上述蟹壳加入装有 4%～6%（V/V）的硝酸溶液的反应釜中浸泡 30～50h，加入的硝酸溶液体积同步骤（1），浸泡完毕后收集废硝酸溶液，将蟹壳用水冲洗后离心甩干，再将冲洗废水排入冲洗废水专用池。

（3）将处理后的蟹壳加入装有 5%～7%（W/V）的氢氧化钾溶液的反应釜中，加入的氢氧化钾溶液的体积同步骤（1）所述加入硝酸溶液的体积，加热升温至 85～90℃，保温 30～120min，保温完毕后收集废碱液，将蟹壳离心甩干。

（4）将处理后的蟹壳加入装有 5%～7%（W/V）的氢氧化钾溶液的反应釜中，加入的氢氧化钾溶液的体积同步骤（3），加热升温至 85～90℃，保温 30～60min，保温完毕后收集废碱液，将蟹壳离心甩干。

（5）将得到的蟹壳水洗至中性，离心甩干，晒干，得到甲壳素；将冲洗废水排入冲洗废水专用池。

（6）将步骤（5）得到的甲壳素放入浓度为 50%～60%（W/V）的氢氧化钾溶液中浸泡 8～12h，然后加热至 90～100℃，保温 16～24h，得到壳聚糖，收集废碱液，将壳聚糖离心甩干；将壳聚糖用水冲洗一遍后用三足式离心机离心甩干，将冲洗废水合并至收集废碱液。

（7）将步骤（6）得到的壳聚糖用水洗至中性，离心甩干，干燥，得到壳聚糖成品；将冲洗废水排入冲洗废水专用池。

（8）将步骤（3）、步骤（4）和步骤（6）收集的废碱液中的氢氧化钾浓度调整至 4%～6%（W/V），在反应釜中加入调整浓度后的氢氧化钾废碱液，加热升温至 70～80℃，然后加入干海带，同时进行搅拌，保温消化 2～4h，将消化后的海带溶液过滤。

（9）将步骤（8）的滤液用步骤（1）、步骤（2）的废硝酸溶液和重量百分比为 85% 的磷酸溶液进行中和，加入废硝酸溶液的体积为滤液体积的 6%～10%，加入的磷酸溶液体积为滤液体积的 2.8%～3.5%，得到海藻提取液，用作液体海藻肥。

6.4.2　清洁生产方法 2

为了克服现有技术存在的不足，直接以甲壳素作为壳聚糖的生产原料，与低脱乙酰度壳聚糖制备高脱乙酰度壳聚糖相比省去了甲壳素制备低脱乙酰度壳聚糖的过程。甲壳素脱乙酰过程在真空反应釜中进行，乙酰基团的脱除速度和脱除率均显著提升，反应完成后的碱液被回收重复使用，提高了碱液的使用率，且减少了环境污染，真正达到了绿色无污染生产的目的。具体步骤如下：

（1）将甲壳素加入到质量分数 10%～25% 的碱液中浸泡预处理。

（2）将预处理好的甲壳素料液转移至反应釜中进行负压反应，反应完毕，将料液降温至室温。

（3）将降温后料液进行固液分离，固体水洗至中性，烘干后得到壳聚糖成品；所述碱液为氢氧化钠水溶液或氢氧化钾水溶液。

将预处理好的甲壳素料液转移至反应釜中进行负压反应，为了保证较好的反应效果，进行负压反应时，控制压力为 -0.075～0.085MPa，控制温度为 60～85℃，控制反应时间为 60～120min。反应完毕后，将料液降温至室温进行固液分离，固体水洗至中性，烘干后得到壳聚糖成品；另外，合并步骤（3）中的液体，浓缩并补加碱至质量分数为 10%～25%，可以回用于步骤（1）中，用于下一批次的甲壳素预处理和脱乙酰。

本方法首先采用碱液对甲壳素进行预处理，使部分碱液进入甲壳素中，可以使后续反应更容易。反应在真空反应釜中进行，在负压的条件下，可以使反应温度降低，并且没有味道散出，减少了环境污染；另外，反应中回收的碱液可重复使用，且在使用一定程度后进行碱液结晶净化处理，净化结晶后的碱固体可与新的碱一起继续使用，没有废液的产生，真正达到了绿色环保无污染的目的，是一种高脱乙酰度壳聚糖清洁生产方法。与现有技术相比，本方法采用较低质量分数的碱液即可得到脱乙酰度为 95%以上的壳聚糖，可满足医疗等领域对高脱乙酰度壳聚糖的需求。根据《食品安全国家标准 食品添加剂脱乙酰甲壳素（壳聚糖）》GB 29941—2013 检测壳聚糖样品质量指标，结果见表 6-6。

表 6-6 壳聚糖各项质量指标

项目	指标
外观	类白色固体
脱乙酰度，$W/\%$	96.8
黏度/mPa•s （10g/L，1%乙酸溶解，20℃）	55
水分，$W/\%$	4.3
灰分，$W/\%$	1.0
酸不溶物，$W/\%$	0.7
pH 值（10g/L 溶液）	7.2
无机砷（以 As 计）/（mg/kg）	0.2
铅（Pb）/（mg/kg）	未检出

第 7 章　甲壳素/壳聚糖在其他方面的应用

7.1　甲壳素/壳聚糖的生物学活性

甲壳素、壳聚糖有脂黏连性的特殊功能，可降低动物血脂、胆固醇、甘油三酯含量，也可降低动物产品如鸡蛋中的胆固醇含量。有实验表明，大鼠摄入一定剂量的壳聚糖能有效抑制血清总胆固醇升高，但能使高密度脂蛋白胆固醇（HCL-C）升高；同时表明壳聚糖降低血清总胆固醇（TC）效应可能主要表现在降低低密度脂蛋白（LDL-C）和极低密度脂蛋白胆固醇（VLDL-C）上，而对 HDL-C 有升高作用。另外，壳聚糖对食欲及体重影响不大，对脏器无明显的损害作用。壳聚糖之所以具有此项功能，大多数人认为是由于此类物质成分中的葡萄糖胺与胆汁酸有很好的结合能力，可阻止胆肝汁酸的循环，降低脂肪的吸收，增加粪中脂肪的排出量。甲壳素、壳聚糖也能与脂类化合物络合，形成不易被胃酸水解和消化系统吸收的络合物，降低机体对脂肪类物质的吸收量，调节脂类代谢。另外，壳聚糖的分解产物——氨基葡萄糖能活化某种细胞的活性，增强免疫、抗肿瘤活性。

甲壳素、壳聚糖是食物纤维素，但不易被消化吸收。若和蔬菜、植物性食品、牛奶和鸡蛋一起食用则可以被吸收。植物和肠内细菌中含有壳糖胺酶、去乙酰酶，人体内存在的溶菌酶以及牛奶、鸡蛋中含有的卵磷脂等共同作用可将甲壳素分解成低分子量的寡聚糖而被吸收。当分解到六分子葡萄糖胺时其生理活性最强。经过近 20 年的研究，美国、欧洲的医学界大学和营养食品研究机构将甲壳素、壳聚糖称为继蛋白质、脂肪、糖、维生素、矿物质之后的人体健康所必需的第六大生命要素。甲壳素、壳聚糖作为机能性健康食品，它完全不同于一般营养保健品，对人体具有强化免疫、抑制老化、预防疾病、促进疾病痊愈和调节生理机能五大功能。研究表明，甲壳素、壳聚糖具有与植物纤维相似的结构与功能。如保水、膨润、扩散、吸附、难于消化吸收等，因而它具有促进消化道蠕动，增加排便容积，缩短肠内物质的通过时间，降低腹压及肠压，吸附有毒物质（如农药、化学色素、放射线等）和重金属离子并排出体外，从而降低食物中有害物质吸收量。同时能排除多余有害胆固醇，防止动脉硬化。胆汁酸是肝脏内由胆固醇所生成消化液中的一个重要成分，在胆囊中有一定贮量，甲壳素能很好地与胆汁酸结合，并将其排出体外，人体为了保持胆囊中有一定量的胆汁酸贮备，就必须在肝脏中将胆固醇转化为胆汁酸，这样血液中胆固醇含量就必然下降。同时，食物中的胆固醇进入体内后需经酶的作用变成胆固醇脂才能在肠道被吸收，这一过程需要胆汁酸的参与。胆汁酸是表面活性物质，它对脂类有乳化作用。甲壳素很容易和胆汁酸结合并排出体外导致不能正常地将胆固醇转变为胆固醇脂，从而妨碍胆固醇在体内吸收。

壳聚糖无毒、无刺激性、无致敏性、无致突变作用、无溶血效应、无热源性物质，具有良好的生物相容性和生物降解性。其极佳的安全性在医学领域的应用具有重要意义。壳聚糖在医学临床应用中作为免疫吸附剂和脱毒剂，清除血液中的内源性或外源性致病物质，对胆固醇、内毒素和重金属离子有选择吸附功能，通过对这些致病因子的吸附和脱除，清除病原物或毒性物质，净化血液，治疗疾病，增强免疫力。肿瘤细胞表面带负电荷，带正电荷的壳聚糖能吸附到肿瘤细胞的表面并使电荷中和，抑制肿瘤细胞的生长和转移。壳聚糖能有效地增强巨噬细胞的吞噬功能和水解酶的活性，刺激巨噬细胞产生淋巴因子，启动免疫系统，同时不增加抗体的产生。甲壳素及其降解产物都带有一定的正电荷，能从血液中分离出血小板因子，促进血小板聚集成凝血素系统，有促进组织修复及止血的作用。壳聚糖有许多生理和治疗功能，概括如下：

（1）三调节：免疫调节，增强免疫力，抑制癌细胞，减轻癌痛；pH 值调节，改善酸性体质，在胃肠道表面与胃酸作用形成胶状液保护膜，减少外来物质对胃肠黏膜的刺激，对溃疡有修复功能；调节荷尔蒙及神经内分泌系统，延缓衰老。

（2）三排除：排除多余的胆固醇，排除体内重金属离子，排除农药、化学色素、体内自由基等毒素。

（3）三降：降血脂、降血糖、降血压。

壳聚糖对 Fe^{2+} 吸附的研究结果表明，在酸性条件下，选用分子量为 $2×10^5$ 的壳聚糖，选择合适的用量和 Fe^{2+} 初始浓度，壳聚糖对 Fe^{2+} 吸附可达 30%左右，人们对壳聚糖-亚铁络合物的吸收远远高于传统的 $FeSO_4$ 药物，有望成为治疗缺铁性贫血的良药；羧甲基甲壳素在医药上用作免疫辅助剂，能有效地诱导细胞毒性巨噬细胞和嗜中性白细胞的积聚，还能作为药物载体，以控制药物和细胞激动素（包括疫苗）的持续释放，将它溶于磷酸盐缓冲液形成的物质，还能作为药物载体，可以代替眼中的晶状体；N-羧甲基壳聚糖的磺化产物具有抗凝血作用，它专一性地作用内凝血因子，而不与体外及普通凝血因子反应，其作用机理与肝素不同；N-羧丁基壳聚糖对各种病原体具有抑菌、杀菌作用，可防止伤口感染，促进伤口愈合；高脱乙酰化的壳聚糖与缩水甘油基三甲胺氯化物，可使壳聚糖季铵化，产物可作为纤维及降胆固醇药剂使用；N-甲壳化壳聚糖碘化物对革兰阳性菌具有很强的抗菌作用；甲壳素和壳聚糖低聚糖具有抗癌作用，可抑制癌细胞转移，同时对中枢神经有镇静作用。

7.2 甲壳素/壳聚糖在医用生物材料中的应用

甲壳素/壳聚糖来源于生物体结构物质，与人体细胞有很强的亲和性，可被体内的酶分解而吸收，对人体无毒性和副作用。加上良好的吸湿性、纺丝性和成膜性，因而广泛地被开发应用，成为优良的生物医学、药学材料。

7.2.1 制备医用敷料

甲壳素/壳聚糖具有良好的组织相容性，灭菌、促进伤口愈合和吸收伤口渗出物且不脱水收缩等性质，已广泛用于医用敷料，如制造的人造皮肤等已广泛用于临床。制备的方法是将甲壳素溶于含有 LiCl 的 DMAC 混合剂中，流延成膜，乙醇固化，真空干燥得到无色透明的人工皮肤薄膜，再经消毒、打孔即得产品。

我国军事医科院有关部门曾发明将甲壳素同抗菌药物氟哌酸及多孔性支撑创伤伤口材料，制成烧伤用生物敷料。据称，其生物相容性好，不过敏，抑菌效果优良，透湿透气性能较高。这项发明还申请了发明专利。目前包括无纺布、医用纤维、医用纸及黏胶带等用甲壳素制成的外科敷料已得到开发应用。

7.2.2 手术缝合线

利用高质量的甲壳素为原料制作的手术缝合线能加速伤口愈合，被组织降解并吸收，可替代肠衣手术线，而其性能在许多方面优于肠衣线。将高纯度的甲壳素粉末溶于适当的溶剂（如酰胺类溶剂），经湿法纺丝制得细丝，然后纺制成不同型号的缝合线。甲壳素缝合线的力学性质良好，能很好地满足临床要求。例如 4-0 号缝线的直接强力为 2.25kg，润湿强力为 1.96kg，打结强力为 1.21kg，润湿打结强力为 1.25kg，优于羊肠线。

7.2.3　制作人造血管

美国 1996 年公开了一项世界专利，用甲壳素/壳聚糖制作人造血管，其内径小于 6mm，内壁光滑而不会凝集血球以保持管腔通畅。经国内外检测证实甲壳素既无毒，又与组织相容亲和，还抑制人的纤维细胞生长，很适合作人造血管。国外为了防止心包黏连而在心包膜采用甲壳素/壳聚糖膜取得较好的效果。美国路易斯安那州立大学医学中心证明甲壳素可以预防眼内手术后黏连，对眼结膜上皮无刺激，增强单核细胞及巨噬细胞功能。

7.2.4　医用微胶囊

利用甲壳素/壳聚糖制造微胶囊进行细胞培养和制造人工生物器官是其重要的应用方面。借助于甲壳素阳离子特性与羧甲基纤维带负电性的高分子反应可制备不同类型的微胶囊，使高浓度细胞的培养成为可能。它不仅可以避免微生物污染，也容易进行产物的分离与回收。如果包封生物活细胞，如胰岛细胞、肝细胞等则构成人工生物器官。研究人员应用甲壳素代替聚赖氨酸进行人工细胞的研究，用其包封血红细胞、肝细胞和胰岛细胞均取得了满意结果。这种微胶囊半透膜可以阻止动物细胞抗体蛋白进出，允许营养物质、代谢产物和细胞分泌的激素等生理活性物质出入，保证了细胞的长期存活，同时它还有药物缓释剂、止血剂、人工透析膜等方面的研究与发明专利。

7.3 甲壳素/壳聚糖在食品工业中的应用

7.3.1 食品工业中的添加剂

甲壳素/壳聚糖以其稳定性、保温性、成膜性、凝胶性、絮凝性、生物安全性和生物功能性等优良性状而有着广泛的应用。甲壳素/壳聚糖吸湿性比纤维素优，吸水后甲壳素/壳聚糖表面活性降低比纤维素小。105℃气干的甲壳素/壳聚糖很容易被水润湿。甲壳素/壳聚糖吸水后在-6℃可完全冷冻。利用甲壳素/壳聚糖的亲水性，添加于食品中可有效控制水分，达到变稠、胶凝、稳定乳液等效果。在蛋白质强化面包的制作过程中，加入微晶甲壳素，面包中蛋白蛋的含量随甲壳素添加率的增大而增大。微晶甲壳素应用在乳化鱼肝油中，乳化性和持水性能比较好，可以代替吐温 80，使乳化鱼肝油长时间保存，既可以销往寒冷地方，也可以销往炎热南方，延长其保质期；甲壳素经酸控制水解得到微晶甲壳素，作为食品的增稠剂和稳定剂性能优于微晶纤维素，将微晶甲壳素粉碎，悬浮于水中进行高速剪切使之成为悬胶体均匀分散在水中，形成稳定的凝胶状触变分散体。可作为普通肉丸、午餐肉、花生酱等食品的增稠剂和稳定剂，而食品的组织和风味基本不变。

甲壳素经过改性可成为水溶性甲壳素，作为食品中引进功能元素的载体而广泛应用于功能食品的加工上，例如在食品中添加人体必需的矿物质和微量元素（如钙、锌、铁等）。目前市场上已推出活力多糖锌，集补锌与多糖的功能为一体，提高了食品的档次，使之更具有市场竞争力。目前，我国市场上已出现近 10 种以甲壳素为原料制成的功能性保健食品。

7.3.2 食品包装材料

微生物污染是食品工业中的一个严重问题,因为食源性细菌和真菌与食物变质和食物中毒有关,会导致经济损失和人类健康风险。使用具有抗菌特性的适当食品包装材料可能会阻止或至少减慢细菌和真菌的生长。由于这个原因,已经测试了多种生物聚合物,以识别传统不可降解塑料包装材料的替代材料,这些材料由于处理不当而引起了严重的环境问题。最佳的替代材料由于具有生物降解性和生物相容性,因此对环境安全。由于壳聚糖基材料将抗菌性能与生物降解性和生物相容性相结合,因此成为食品包装研究的重点。

纯的壳聚糖膜通常基于壳聚糖纳米颗粒的分散体,增塑剂如乙二醇,表面活性剂如聚山梨酯,都基于这种分散体,并添加以改善机械性能并乳化辅助化合物。例如,Arkoun 等人研究了通过静电纺丝工艺生产的壳聚糖/聚环氧乙烷纳米纤维的抗菌活性,表明壳聚糖纳米纤维可有效抑制大肠杆菌、金黄色葡萄球菌、无病菌和鼠伤寒沙门氏菌的生长,抗菌作用是不可逆的(其具有杀菌作用而不是抑菌作用),但是在 pH 值为 5.8(低于壳聚糖的 pKa)时,限制了其对弱酸性食品的适用性。

有国外学者研究了不同浓度的壳聚糖、果胶和反式肉桂醛组成的多层抗菌涂层的有效性,以延长鲜切哈密瓜的保质期,并发现某些组合物可有效防止细菌生长和变质。洛雷维兹等人制备出了壳聚糖纳米颗粒,并将它们与不同的甲基果胶基质组合以生成纳米复合膜,并测试了复合膜的机械、热和阻隔性能。结果表明,与常规生产的果胶膜相比,纳米复合膜改善了机械性能,使这些新型材料有望用于食品包装生产。壳聚糖薄膜还与多种蛋白质结合在一起,包括酪蛋白、明胶、胶原蛋白、乳铁蛋白和溶菌酶以及带有抗生素的蛋白。

制备基于壳聚糖的薄膜的其他方法如接枝、共混或浇铸法，使用合成聚合物（聚乙烯醇、聚乳酸、聚乙烯、聚环氧乙烷、聚苯乙烯、聚丙烯、聚己内酯等），改善了薄膜的机械和热性能，然而这些合成聚合物本质上不容易降解，因此引起了人们对环境安全的关注。有人开发了一种新的可食用抗菌膜，该膜使用微乳剂与高压均质处理相结合。该膜由壳聚糖、烯丙基异硫氰化物和大麦秸秆阿拉伯木聚糖制成，它们分别用作成膜剂、抗菌剂和乳化剂。经测试该材料可有效预防无毒李斯特菌的生长。

将壳聚糖基薄膜与金属、矿物质和其他无机化合物合成为复合材料，例如生产的壳聚糖-银和壳聚糖-金（CS-Au）纳米复合材料薄膜，显示出对革兰阳性菌（金黄色葡萄球菌）、革兰阴性菌（铜绿假单胞菌）、真菌（黑曲霉）和酵母（白色念珠菌）的抗菌活性。再如，一种基于聚乙烯薄膜溶液浇铸法的方法，利用纳米氧化锌和印楝精油制备了壳聚糖基纳米复合膜，该膜改善了机械、物理、阻挡层和光学性能，可完全灭活并阻止食物病原体的生长。此外，有研究者制备了壳聚糖/二氧化钛复合膜，发现它对大肠杆菌、金黄色葡萄球菌、白色念珠菌和黑曲霉具有显著的抗菌活性。还有人将壳聚糖/氧化石墨烯纳米复合材料与二氧化钛合成，表明该物质可通过破坏细胞膜有效地阻止枯草芽孢杆菌和黑曲霉生物膜的形成，还证明了纳米涂层可以作为保鲜膜使用，延迟水果和蔬菜中水分的流失并抑制多酚氧化酶的活性，从而抑制酶促褐变，但可以增加超氧化物歧化酶的活性，从而防止活性氧危害。除了这些材料，研究人员还测试了壳聚糖-蒙脱土复合材料，壳聚糖/纳米二氧化硅薄膜以及甲壳素、金属和矿物质的多种组合。

7.4 甲壳素/壳聚糖在纺织、印染中的应用

7.4.1 在纺织上的应用

在轻纺工业上，甲壳素/壳聚糖可作为织物的上浆剂、整理剂，改善织物的洗涤性能。由于甲壳素/壳聚糖具有多种多样的独特的理化和生物学特性，因此将它们用作纺织工业中的环保材料引起了广泛的关注。它们具有生物相容性，可生物降解且无毒，并且易于黏附在纺织品上，并且通常表现出抗菌活性。某些配方可保留水分，并具有热稳定性和紫外线防护作用。

（1）纺织品材料。壳聚糖本身或沉积在织物上的壳聚糖基复合材料的共混物大多经过了持久的抗菌活性测试（几乎所有抗菌研究都包括大肠杆菌和金黄色葡萄球菌，分别代表革兰阴性菌和革兰阳性菌）。用脱乙酰壳聚糖处理的聚酯/棉织物可以替代抗菌三氯生。

大量的研究表明壳聚糖可以用于医用纺织品、阻燃织物的生产，得到功能性医用纺织品、运动服。壳聚糖应用于羊毛织物上，例如，由纺丝技术得到的脱乙酰壳多糖（短纤维）与棉（长纤维）纱的混合物有理想的医学用途，通过静电纺丝壳聚糖纳米纤维和棉织物制备用于伤口敷料的纱布绷带，以及通过湿纺工艺生产的纯壳聚糖微纤维可用于生产再生医学骨骼和软骨的稳定的3D支架。佩特科瓦等人使用化学沉积法，用脱乙酰壳多糖和 ZnO 纳米粒子的混合涂层覆盖棉织物。该复合物显示出较高的抗菌活性、洗涤稳定性，具有持久的抗菌性和防缩性能，被认为是用于医院纺织品防止病原体转移的有效方法。同样，沉积在棉织物上的壳聚糖和银纳米颗粒的杂合体表现出抗菌作用和耐洗

性，使其适合用于医疗纺织品和运动服。应用于棉花的纳米化壳聚糖除具有抗菌活性外，还具有热稳定性、紫外线防护能力以及改善的染色能力。

涤纶纤维具有优良的物理机械性能，是用量最大的合成纤维，但由于其吸湿性差，容易产生静电及沾污现象，穿着时有闷热感，舒适性差。为改善涤纶纤维的性能，人们进行了大量的工作，对涤纶进行亲水性加工或抗静电处理。壳聚糖具有极强的吸湿性，其吸湿率仅次于甘油，高于聚乙二醇、山梨醇。利用壳聚糖良好的抗菌性和吸湿性，对涤纶织物进行整理，不仅能赋予织物抗菌性，而且可提高织物的吸湿性、抗静电性，避免涤纶织物穿着时的闷热感，提高织物的穿着舒适性。用壳聚糖对涤纶织物做舒适性整理，通常的做法是先将涤纶织物进行碱减量处理，一方面使纤维表面粗糙化，以利于壳聚糖涂层的附着；另一方面旨在使表层涤纶纤维分子中的酯基发生一定程度的水解而产生一定数量的羧基负离子，便于带正电荷的壳聚糖分子与涤纶纤维的结合，然后通过轧—烘—焙工艺将壳聚糖醋酸溶液涂覆在涤纶织物上，于是壳聚糖薄膜就会通过物理嵌附作用以及离子键和分子间力与涤纶纤维结合在一起。

（2）织物整理剂。

1）防皱整理：壳聚糖的醋酸溶液以乙二醛作交联剂，采用浸轧—烘燥—中和—水洗—干燥等工艺对棉织物进行整理后，处理结果表明能显著提高棉织物的折皱回复角，改善棉织物的抗皱性。同样，亚麻织物采用类似方法进行整理，可有效提高亚麻织物的弹性恢复能力，其弹性恢复率可稳定在60%～70%之间。真丝织物结构细腻，穿着优雅舒适，但是真丝织物的湿弹性差，在洗涤过程中皱缩比较严重，而且易于泛黄。近几年的研究发现，壳聚糖溶液在真丝染整工艺中大有用武之地。将丝绸浸渍在壳聚糖溶液中，然后取出干燥，于是在丝绸纤维表面形成黏着性壳聚糖薄膜。这种薄膜有气体屏障性，使得氧、氮和二氧化碳等气体难以通过，而水蒸气等气体却能通过。经上述处理后可赋予丝绸以抗泛黄性能。根据日本专利报道，将经 0.3%壳聚糖溶液处理后的丝绸放在碳弧中 40h，白度仅下降 5%。而没有经壳聚糖处理的丝绸，白度则下降了 10%。另外，壳聚糖还可以改善丝绸的湿弹性，如将 1g 真丝纤维浸在脱乙酰度为 80%、相对分子质量为 $2.7×10^4$ 的 50mg 壳聚糖溶液中（室温下）2h 后取出干燥，真丝的折皱回复角可达 225°，使丝绸获得更好的悬垂性。

2）防缩整理：目前对羊毛织物的防缩整理，90%以上是采用氯或氯化剂处理，这种处理方法会造成废水中存在大量可吸附的有机卤（AOX）污染。如广泛采用的氯/赫科塞特羊毛防缩法这类防缩整理方法，我国环保部门已不再允许采用。有关用壳聚糖作为羊毛防缩剂的研究，始于 20 世纪 70 年代，这种防缩整理的最大的优点是不会产生含可吸附的有机卤化物废液，对环境无污染。用壳聚糖的醋酸溶液对羊毛进行处理，可使毛纤维的顺逆向摩擦因数均有降低，定向摩擦因数效应减小，缩绒性降低，并随壳聚糖吸附的增多，定向摩擦效应减小更多。最近研究证明，羊毛在用壳聚糖处理之前，先用过氧化氢预处理，有利于促进壳聚糖在羊毛纤维内的扩散，使壳聚糖的吸附率增大，从而可使羊毛织物获得较好的防缩能力。

3）硬挺整理：壳聚糖不溶于水或碱性溶液，在酸性溶液中膨化为黏稠性的液体，可用作织物的上浆剂。用壳聚糖的乙酸溶液处理坯布，壳聚糖与织物纤维有极好的亲和力，它可渗入纤维内部，经干燥后，形成一层不溶于水的保护膜，能使坯布具有亚麻制品类的挺括外观，从而提高织物服用坚牢度。用此溶液浆丝，可使丝的强度提高 20%～30%，且滑爽硬挺，织造时不易断头或起毛。上浆的操作过程如下：在槽中注入 2%的 CH₃COOH 溶液，加热到 30～40℃，搅拌，加入壳聚糖制成 0.5%～2%的壳聚糖溶液，再在附有干燥滚筒的轧浆机上进行上浆。经过干燥滚筒时，醋酸挥发，在织物上形成不溶性薄膜。在醋酸铝与硬脂酸钠的水溶液中加入壳聚糖溶液配制成上浆剂，然后将织物上浆可制成防雨布，经整理后的产品具有良好的防渗性。若单用醋酸铝与硬脂酸钠的水溶液处理，织物表面成膜不易均一且不耐摩擦，硬脂酸铝易剥离，易洗去。加入壳聚糖后，壳聚糖能渗入到纤维内部，干燥后形成一层耐摩擦的坚牢薄膜，使生成的硬脂酸铝被包住，而且不易剥离，同时还可使防雨布具有很高的强度和很好的光泽。

7.4.2 在印染上的应用

（1）黏合剂。随着印染技术的发展，涂料印花工艺越来越受到人们的重视。根据报道，我国织物涂料印花仅占印花总量的 20%，而国外的平均水平已达到 55%，造成差距较大的主要原因在于我国印花原料的落后。涂料印花工艺就是将颜料直接用黏合剂附着于织物表面，为了保持织物的原貌，对所用的黏合剂有很高的要求。目前，我国印染工业中应用较广的 650 黏合剂 FD 就是以壳聚糖作为主要成分。这种黏合剂成膜后，具有高度的黏着力，使它连同涂料很牢固地黏着在织物的纤维上，使织物具有较好的搓洗牢度及手感柔软性，在机印、网印时不黏刀口、不堵网。采用壳聚糖代替阿克拉明作黏合剂，无论国内或国外均已实现工业化生产。此外，壳聚糖还可用作非织造布的黏合剂。近年来研究出现的微晶壳聚糖具有直接从液体分散体产生薄膜的能力。它对不同表面具有优良的黏合作用、良好的弹性和拒水性。与其他黏合剂相比，壳聚糖黏合剂具有以下特点：提供抗细菌和真菌的防护作用，具有生物降解性、生物相容性，提高穿着舒适性及增加水吸着作用。这些性质和性能的结合，使它成为在纺织行业和医药行业中广泛使用的一种优良的非织造布多功能黏合剂。

壳聚糖同淀粉、纤维素一样，还可作为天然印花糊料。壳聚糖在酸性溶液中膨化为黏稠性溶液，与酸性染料、直接染料有很好的相容性。如将涤棉混纺织物经壳聚糖处理和在空气中干燥后，再用活性染料或活性分散染料印花，可获得深浅两种明显不同的色调。壳聚糖单独或与其他糊料拼用，还可用作防染剂。

（2）染色助剂。织物染色常用的固色剂中，通常含有一定量的游离甲醛，易对人体和环境产生毒害，而且有些固色剂的固色牢度也不够理想。因此，开发一种无甲醛型、多功能、高效固色剂是众多印染工作者所渴求的。壳聚糖分子中含有大量的氨基及羟基基团，与纤维的亲和性较好，可以溶入纤维内部，纤维与活性基团氨基及羟基以氢键或共价键结合。又由于壳聚糖是含氮的阳离子型聚合物，除阳离子型染料外，几乎可与各类染料产生不溶性的沉淀。因此，壳聚糖被认为是阴离子型染料的理想固色剂。棉织物用 0.5%的壳聚糖溶液处理后经活性染料上染，增深效果非常明显，上染百分率提高了 1～3 倍，而且盐的用量也可减少近 50%左右。同样经 0.5%～0.8%的壳聚糖溶液预处理的棉织物用直接染料染色，上染率也可增加 20%～30%，而且壳聚糖对未成熟棉纤维形成的棉结、白星能起到很好的遮盖作用，从而消除了印染过程中因棉纤维成熟度不同而产生的色差，使织物染色均匀。此外壳聚糖在织物上的附着对水洗、皂洗牢度几乎没有什么影响。

由于羊毛纤维在生长过程中其尖端和根部受风化程度不同，羊毛染色初期往往存在"尖根染色差异"的情况，通常，这种染色不匀可用特殊匀染剂或者长时间煮沸处理使染料移染，但这些都不是理想的方法。而壳聚糖用于羊毛染色时，在染浴中能阻止染料分子的聚集或竞染，使染料分子缓慢上染羊毛纤维，从而起到了理想的匀染、缓染作用。同时，壳聚糖对羊毛纤维具有很好的亲和力，在染色过程中缓慢释放出的氨与氢形成氨离子，新增加了上染席位，提高了上染百分率，同时由缓染变成助染。经壳聚糖处理的羊毛对染料的吸收率可比未处理的羊毛提高 1.3%～41.3%。由于壳聚糖的加入还可使染色毛织物的皂洗牢度、布沾色牢度及汗渍原样变化牢度提高半级以上，色泽也有较明显的提高。

真丝织物经壳聚糖处理后对直接染料的上染性也明显提高，上染百分率与正常染色相比提高了 2～4 倍，壳聚糖的最佳应用浓度为 0.5%，浓度过高后增深效果下降，而且手感变硬。壳聚糖还可用于化纤及混纺织物染色前的预处理。在涤棉和人造棉织物的染色实验中发现，织物经壳聚糖处理后，能在一定程度上提高上染率，染色后的织物比未经壳聚糖处理的织物在相同条件下染色所获得的颜色要深，且织物上壳聚糖的附着越多，上染率越高。

7.5 甲壳素/壳聚糖在化学工业中的应用

7.5.1 在化妆品中的应用

甲壳素/壳聚糖粉末比表面积大，孔隙率高，能吸收皮脂类油脂，吸收能力远大于淀粉或其他活性物质，是干洗发剂的理想的活性物质。甲壳素/壳聚糖分子中的氨基带正电荷，头发表面带负电荷，两者有很强的亲和力，用作洗发香波、头发调理剂、定型发胶摩丝具有黏稠性、保水性和成膜性好，防潮、防尘，对头发无化学刺激等特点，可使头发柔顺，增添光泽，是目前理想的护发产品。甲壳素/壳聚糖与染料合成着色剂，其精制成的微粒可以作为粉剂、唇膏、指甲油和眉笔等的底物，使它们更加易涂布和滑润，并且不易结块，毒性明显降低。

甲壳素/壳聚糖还可制成理想的护肤产品。利用甲壳素/壳聚糖的保湿性、成膜性、抑菌性和活化细胞的功能，制备的高级护肤化妆品，可保持皮肤的湿润，增强表皮细胞的代谢，促进细胞的年轻化和再生能力，防止皮肤粗糙、生粉刺并减轻体臭，预防皮肤疾病的发生。目前，日本每年用于化妆品的甲壳素/壳聚糖达 100 余吨。

7.5.2　化工催化剂

化学工业中一种选择性的氢化催化剂可由甲壳素制得，它对共轭双键和三键的氢化反应具有极高的活性，用它催化氢化环戊二烯产率可达 98.2%，目前该催化剂已有试验产品出售；有报道制备出了高活性的壳聚糖负载钯催化剂，研究微乳介质中壳聚糖负载钯催化剂在 Heck 反应中的催化性能，确定了最佳反应温度和时间，具有广阔的应用前景；还有报道制备了 4 种壳聚糖固载的铜盐催化剂，以这种催化剂尝试催化 C-O 和 C-N 的偶联反应，实验结果表明壳聚糖固载的氧化亚铜可以高效催化芳基卤代烃与酚及含氮杂环的偶联反应，且该方法的底物适应性广，该催化剂具有易回收、可重复利用的优点，且多次重复利用后该催化剂的催化活性未明显减弱。

以甲壳素、壳聚糖、氨基葡萄糖和 N-乙酰氨基葡萄糖等甲壳素类生物质为原料，在不同催化条件下可以制备含氮化合物、呋喃衍生物和有机酸等高附加值化学品，为可再生资源替代化石资源的可持续发展提供有力的支持。

7.5.3 涂料添加剂

在油漆中加入甲壳素壳聚糖可以增加覆涂面积,从而降低油漆消耗,而原漆的光泽、耐腐蚀能力和耐划痕性能均没有变化。添加量可以根据涂层要求而定,一般控制在 20%～25%的范围内。国外已将甲壳素添加到乐器油漆中,使乐器的音质更加优美动听。

有学者发明了一种消除甲醛的乳胶漆、水性木器漆及其制备方法,其中采用壳聚糖为原料制备乳胶漆,装饰性能不变,对于空气中的游离甲醛具有良好的清除作用。也有人发明了一种含有壳聚糖的甲醛吸附剂,由壳聚糖、二氧化锰、活性炭均匀混合制得粉末甲醛吸附剂,由壳聚糖的长链结构、活性炭的较大的比表面积及微孔物理吸附甲醛,然后由二氧化锰将甲醛氧化分解。而马昕龙等公开了一种复合长效甲醛清除剂及其制备方法,其甲醛清除剂成分为羟甲基壳聚糖与尿素。

7.6 生物传感器

生物传感器是一种分析装置,它可以将生物反应或生物间的相互作用转化成可测量信号。生物传感器的基本结构是一个生物传感元件,该元件与传感器紧密相连,传感器可以将一种能量形式的信号转换成另一种形式的信号,且这种信号与在一定浓度范围内分析物的量成比例。例如,电化学生物传感器装置具有简单、相对便宜、检测速度快、灵敏度高、易于微型化等优点。生物传感器不仅被开发为临床检测的医学分析工具,还被应用于食品工业和环境监测。

　　壳聚糖以及少数甲壳素在生物传感器的运用中具有许多优点。壳聚糖具有生物相容性和易受化学修饰的官能团,并且易沉积在传感器的表面,可作为固定识别元件(酶、抗体、DNA、整个细胞和细胞器)的黏性薄膜。在复合材料中加入碳管、石墨和氧化石墨烯,可以提高电子向传感器转移的能力,还可以增强机械强度以及透水性和保水性。由于以壳聚糖为材料制备的生物传感器种类繁多,以下仅介绍有代表性的设备。

　　葡萄糖的检测和监测在医学领域是至关重要的。有研究报道了以壳聚糖为载体,利用固定化葡萄糖氧化酶检测葡萄糖水平的生物传感器,他们以壳聚糖-碳纳米管为复合材料固定化葡萄糖氧化酶,制备了葡萄糖电化学传感器。还有人设计了一种由多层壳聚糖生物膜-纳米金粒-葡萄糖氧化酶电极构成的电流型葡萄糖生物传感器。Shrestha 等人 2016 年设计了一种玻碳电极的葡萄糖生物传感器,该传感器将葡萄糖氧化酶纳米复合膜固定在壳聚糖上,并沉积了聚吡咯-全氟磺酸和多壁碳纳米管的接枝物。

　　为了监测食品和医学上重要的化合物,还可以利用其他氧化酶和各种结构的电化学生物传感器。有学者利用乳酸氧化酶和壳聚糖-聚乙烯咪唑-锇-碳纳米管的纳米复合结构制备了乳酸生物传感器,有人以固定在壳聚糖-氧化石墨烯聚合核黄素上的谷氨酸和黄嘌呤氧化酶为识别元件,构建了谷氨酸和次黄嘌呤生物传感器。还有人在壳聚糖-聚吡咯-金纳米颗粒上固定化黄嘌呤氧化酶,制备出一种黄嘌呤生物传感器。Tkac 等人开发了一种半乳糖选择性生物传感器,其结构相当简单,该传感器由壳聚糖单壁碳纳米管和固定化半乳糖氧化酶组成。Tsai 等人在具有固定化胆固醇氧化酶的多壁壳聚糖-碳纳米管复合物上沉积铂纳米颗粒基质,制备出一种灵敏的电流型纳米复合生物传感器,用于胆固醇检测。Medyantseva 等人报道了一个类似的结构,即用固定化单胺氧化酶检测抗抑郁单胺类药物。而 Dai 等人在壳聚糖-钛酸盐纳米管复合膜上固定化胆碱氧化酶，制备了一种电化学发光生物传感器，用来检测胆碱。Wen 等人在壳聚糖-蛋壳膜上固定化乙醇氧化酶，制备了乙醇生物传感器，该生物传感器可以监测氧含量与乙醇浓度的关系。

与上述以酶为材料的生物传感器相反，Mokaram 等人研制了一种用于监测葡萄糖的非酶电化学装置。该装置结构的基础是 ITO 玻璃电极上由聚吡咯-壳聚糖-二氧化钛纳米颗粒组成的纳米复合膜，涉及氧化还原反应，且运用了葡萄糖氧化的改良方法和高电子转移动力学。

一些学者还开发了检测和测量多种化合物的其他生物传感器。例如有人利用壳聚糖-普鲁士蓝复合膜固定相应的氧化酶，研制了一种用于检测人体血液中的葡萄糖、半乳糖和谷氨酸的生物传感器，该生物传感器以普鲁士蓝为催化剂，电还原制备过氧化氢；有人以壳聚糖-镍纳米颗粒膜为载体固定化酪氨酸酶，制备出用于检测儿茶酚和其他酚类化合物的生物传感器。Mendes 等人在氧化锌-壳聚糖纳米复合材料上固定化漆酶，制备出一种用于检测氯酚的生物传感器。Akhtar 等人构建了功能化氧化石墨烯（富含羧基部分）-聚吡咯-壳聚糖膜的纳米复合材料修饰丝网印刷碳电极，以检测过氧化氢，这种装置能够电催化过氧化氢的还原性。最新的研究还有在几丁质-明胶纳米纤维复合材料上固定化辣根过氧化物酶，制备出用于检测和监测过氧化氢的电化学生物传感器，以及有人制造了另一种过氧化氢生物传感器，该传感器使用壳聚糖功能化的氧化石墨烯（富含羧基部分）-聚吡咯纳米复合材料，并用壳聚糖-β-环糊精固定化过氧化氢酶（空腔中含有二茂铁），该传感器能够电催化还原过氧化氢。

微量致癌物和有毒重金属离子的检测和定量具有挑战性和重要意义。国外有人开发了一种交联壳聚糖-碳纳米管传感器，用于测定 Cd（Ⅱ）和 Hg（Ⅱ）

（Janegitz et al. 2011）。有人制备了一种由壳聚糖-金纳米颗粒制成的生物传感器，用于检测 Cu（Ⅱ）和 Zn（Ⅱ），还有人制备了壳聚糖-α-四氧化三铁纳米颗粒传感器，用于检测 Ni（Ⅱ）、As（Ⅱ）和 Pb（Ⅱ）。用来检测和测定有机磷农药的生物传感器也被开发出来。例如，Sun 等人在多壁碳纳米管-壳聚糖-硫氨酸（作为电子介质）上固定抗氯吡酮单克隆抗体，制备出纳米复合免疫传感器，用于监测 OP 化合物氯吡酮。Masoomi 等人开发了一种复杂的电化学免疫传感器，用于检测和监测作为模型抗原的真菌性肝癌原黄曲霉毒素 B1，其结构的支架材料包括壳聚糖-金纳米颗粒、固定的多克隆抗黄曲霉毒素 B1 和能够使免疫传感器再生的磁铁矿核心；以壳聚糖-多壁碳纳米管杂化膜为材料的生物传感器主要由 Babaei 及其同事开发，用于确定和定量药物和神经递质，这些药物包括对乙酰氨基酚和甲灭酸、多巴胺和吗啡、扑热息痛、左旋多巴（L-DOPA）以及 5-羟色胺和多巴胺。

在免疫生物传感器中，壳聚糖膜的聚阳离子性质也被用来固定聚阴离子聚合物，如核酸序列和蛋白质。在 2013 年就有人设计了一种用于检测伤寒的电化学 DNA 生物传感器，该传感器将伤寒沙门氏菌单链 DNA（ss）作为生物电极表面固定在氧化石墨烯-壳聚糖-ITO 纳米复合物上，该生物传感器还能够区分互补、非互补和单碱基错配序列。有人用氧化石墨烯-壳聚糖纳米复合材料固定化大肠杆菌β-脱氧核糖核酸，开发了一种类似的电化学 DNA 生物传感器，该生物传感器被用于检测大肠杆菌。Afkhami 等人报道了一种用于检测 A 型神经毒素的电化学免疫生物传感器，该传感器由金纳米粒子-壳聚糖-石墨烯纳米复合材料组成，并固定化抗体用来定量结合神经毒素。为了检测人血清中的甲胎蛋白，Lin 等人制造了一种免疫传感器，该传感器将甲胎蛋白抗原固定在金纳米颗粒-碳纳米管-壳聚糖纳米复合物的膜上，并用竞争性免疫分析方法来确定蛋白质水平。而 Giannetto 等人制造了一种竞争性电化学免疫传感器来检测人血清中的 HIV1 衣壳蛋白 p24，p24 抗原被固定在无金的单壁碳纳米管-壳聚糖复合物上，用来与小鼠抗 p24 单克隆抗体相互作用，这可以用于竞争性免疫检测。Qiu 等人报道了一种以金纳米颗粒-壳聚糖-二茂铁生物膜为载体固定化乙型肝炎抗体的免疫传感器，用于检测乙型肝炎表面抗原。

第8章　应用示例

8.1　果汁澄清剂

要得到澄清的果汁，除了需除去悬浮物和沉淀外，还要除掉易致浑浊的果胶、树胶、蛋白质等胶体物质。我国目前果汁澄清多使用酶法，即用果胶酶或淀粉酶水解，结合助凝剂（膨润土、硅胶等）来达到澄清效果。该方法效果较好，但成本较高。将壳聚糖配置成壳聚糖醋酸溶液，发现其具有优良的絮凝效果，壳聚糖分子带正电荷，与果汁中带负电荷的阴离子电解质相互作用，从而破坏起稳定作用的胶体结构，经过滤使果汁澄清。

例如，壳聚糖对葡萄柚果汁是一种好的净化剂，不论葡萄柚果汁有没有用果胶酶处理，壳聚糖的澄清效果都非常显著。由于壳聚糖对聚苯酚类化合物如儿茶酸、肉桂酸等具有较好的亲和性。当在纯葡萄酒中加入壳聚糖时，壳聚糖与聚酚类化合物的亲和作用使葡萄酒由最初的淡黄色变为深金黄色，大大提高了葡萄酒的质量。若在葡萄果汁中加入 0.1～0.15g/mL 的壳聚糖，则葡萄果汁中柠檬酸、酒石酸、L-苹果酸、草酸和抗坏血酸的含量分别减少 56.6%、41.2%、38.8%、36.8%和 6.5%，从而使果汁中酸的总含量减少 52.6%，果汁得到较好的净化；再如以壳聚糖澄清猕猴桃果汁为例，壳聚糖使用的最佳剂量为 0.5g/L，最适合 pH 值为 3～3.5，最适合温度为 40～60℃，在该条件下猕猴桃果汁的澄清率在 95%以上，且不损失营养成分。经相关实验发现将壳聚糖用于苹果汁、山梨汁和山楂汁的澄清，澄清后果汁的透光率均在 90%以上。另外壳聚糖澄清果汁还有一个优点，即可以降低果汁酶褐变速度和程度，因为壳聚糖能除去果汁中多酚氧化酶。壳聚糖还能净化糖汁，它能除去原料糖汁中的无机盐、纤维素、有机胶物质和一些悬浮物。

壳聚糖虽然具有良好的澄清效果，但一般都是直接添加到果汁中，存在壳聚糖与果汁难以分离、用量不易控制、不能重复使用等问题。因此制备壳聚糖微球树脂用于果汁澄清可提高壳聚糖的应用价值。通过乳化交联反应分别制备了壳聚糖微球（CSM）和壳聚糖-Ce^{4+}微球树脂（CSCM），采用柱层析法澄清苹果汁，结果表明澄清后可溶性固形物含量略有降低，而透光率则大大提高，且 CSCM 比 CSM 效果更佳；同时苹果汁主要化学成分都发生了一定变化（表 8-1），其中蛋白质含量大大降低，过 CSM 和 CSCM 柱后的苹果汁蛋白质含量分别减少了 50.49%和 46.85%；而经 CSCM 处理的果汁氨基酸含量增加了 8.71%，这是因为 Ce^{4+}可以水解果汁中的蛋白质或多肽，从而提高氨基酸含量，同时对果汁中其他成分的影响不大。壳聚糖金属配合物用于啤酒澄清，可使多酚含量、浊度、敏感蛋白含量大大降低，而风味成分没有显著变化。

表 8-1　苹果汁澄清前后物理指标的变化

果汁分类	可溶性固形物/Brix	透光率/%	蛋白质含量/（μg/ml）	氨基酸含量/（μg/ml）
原果汁	4.2	59.9±0.10	152.08±0.33	447.87±0.829
过 CSM 柱果汁	4.1	99.5±0.10	75.30±0.30	486.89±0.229
过 CSCM 柱果汁	4.1	97.1±0.06	80.83±0.30	431.45±2.652

8.2 饮用水净化作用

8.2.1 饮用水净水处理中的絮凝杀菌作用

壳聚糖因其天然、无毒、安全性被美国食品药物管理局（FDA）批准作为食品添加剂，被美国环保局批准作为饮用水的净化剂，在给水及饮用水处理中显示了其独特的优越性。壳聚糖还有很好的吸附性能，能有效降低自来水中的色度、臭味物质及三卤甲烷等有害物质，壳聚糖在吸附去除饮用水中有害物质的同时，不吸附水中的 K^+、Ca^{2+}、Na^+、Mg^{2+}、SO_4^{2-}、Cl^-、HCO_3^- 等离子，不影响天然水体的本底浓度，且有抑菌、杀菌作用。新型壳聚糖衍生物——羧甲基壳聚糖接枝聚[2-（甲基丙烯酰氧）乙基三甲基氯化铵]（CMC-g-PDMC），可用来絮凝大肠杆菌，这种壳聚糖衍生物在很宽的细菌浓度范围都表现出有效的絮凝作用，在水处理过程中具有很高的细菌清除能力，人们通过适当的化学修饰实现絮凝剂的靶向性能。该衍生物通过电荷作用和桥接机制能有效地絮凝大肠杆菌，进而沉淀，然后通过"细胞壁破坏"效应杀死大肠杆菌。高浓度的培养基需要相对高的絮凝剂浓度才能达到理想的杀菌效果。在杀菌率低于95%时，pH 值并不影响所需絮凝剂的量。但为达到更高的杀菌效果，最优絮凝剂剂量应随着 pH 值升高而增加。

另外，在饮用水处理的消毒过程中，消毒剂副产物具有一定毒性，可能会危害人体健康。对 CMC-g-PDMC 而言，壳聚糖具有生物可降解性，壳聚糖主链被降解后，PDMC 的短接枝链分解为低分子量的片段，该片段的毒性非常低，因此，CMC-g-PDMC 作为絮凝剂还能降低消毒剂副产物的二次污染危害。

由于壳聚糖自身的生物可降解性和环境友好性，以及较高的细菌清除作用，在消毒过程中能减少消毒剂的使用量，有望在长期和大规模生产中得到应用。

8.2.2 饮用水净水处理中的助凝作用

自来水厂多以江河、湖泊、水库为水源，但经济发展、旅游开发导致水体恶化、水中有机污染物增多，所以研制既能高效除浊，又能去除水中有机污染物的新型水处理剂成为热点。将无机高分子絮凝剂与有机高分子絮凝剂协同使用，可以将两者的优缺点互补，处理费用适中，在水处理上有很大的优势。下面用聚合氯化铝作主絮凝剂，壳聚糖作为助凝剂，对郑州某自来水厂进厂黄河水进行絮凝处理，考察了助凝剂在不同条件下对浊度、COD_{Mn} 的去除效果，进行絮体形态观察，分析其助凝的机理。

1. 原料准备与试验方法

助凝剂壳聚糖：白色粉状，水分为 8%，灰分小于 1%，不溶物小于 1%，黏均分子量为 $8.1×10^5$（810K Da），脱乙酰度为 77%，用 1%的 HAc 溶液配制成浓度为 1g/L 的壳聚糖溶液，现用现配。

聚合氯化铝：棕黄色液体，盐基度为 75%～80%，Al_2O_3 含量为 12%，密度为 $1.24g/cm^3$，配比浓度为 100mg/L，现用现配。

水样为经过预沉之后的黄河源水，实验期间原水样平均浊度为 4.23NTU，COD_{Mn} 为 4.01mg/L，pH 值为 7.9～8.2，水温为 10～12℃。

实验在室温下进行。在 6 个 1000mL 烧杯中注入 800mL 水样，置于六联搅拌器上，用酸度计调节所需 pH 值，于 350r/min 快速搅拌，同时向水样中加入一定量的絮凝剂 PAC 溶液和助凝剂壳聚糖溶液，搅拌 1min，再慢速（50r/min）搅拌 17min，静止沉降 20min，在液面下 3cm 处取样 200mL，测定水样中的剩余浊度和高锰酸钾指数 COD_{Mn}。

2. 结果分析与讨论

（1）主絮凝剂投加量对絮凝效果的影响。投加 PAC 的同时，投加一定量的壳聚糖溶液（0.15mg/L），形成的絮体不易破碎，沉降速度有所加快。从图 8-1 可以看出，随着 PAC 投加量的增大，絮凝后水样的残余浊度和 COD_{Mn} 值降低较为明显，当 PAC 投加量为 40mg/L 时，浑浊度和 COD_{Mn} 的去除率分别为 90.5%和 39.2%，残余浊度和高锰酸钾指数分别为 0.5NTU 和 2.54mg/L，已经达到饮用水标准。考虑到产生的污泥量及水的后续处理，PAC 投加量选用 35mg/L。

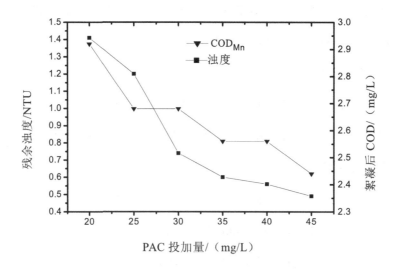

图 8-1 PAC 投加量对絮凝效果的影响

（2）CTS 投加量对絮凝效果的影响。由图 8-2 可以看到，当 PAC 投加量选用 35mg/L 时，随着壳聚糖用量的增加，残余浊度和水样的 COD_{Mn} 值首先是减小，而后增加。一般认为，在有机高分子浓度较低时，吸附在微粒物表面上的高分子长链可能同时吸附在另一个微粒的表面上，通过"架桥"方式将两个或更多的微粒连在一起，产生絮凝作用。架桥的必要条件是微粒上存在空白表面位置，倘若溶液中的高分子物质的浓度很大，微粒表面已完全被所吸附的高分子物质所覆盖，则微粒不再会通过吸附架桥絮凝，此时高分子物质起的是保护作用，这也可能就是浊度先减小后增加的原因。当 CTS 用量不超过 0.15mg/L 时，壳聚糖的助凝作用仍然明显，但由于 CTS 本身属于高分子有机物，对 COD_{Mn} 值有一定的贡献，当 CTS 自身对 COD_{Mn} 贡献数值超过因 CTS 剂量的增加而去除的那部分 COD_{Mn} 时，出水的 COD_{Mn} 值则开始增加。

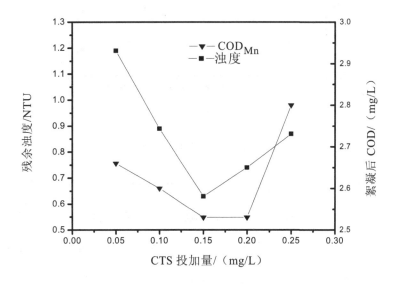

图 8-2　CTS 投加量对絮凝效果的影响

（3）pH 值对絮凝效果的影响。由图 8-3 可以看到，当 PAC 和 CTS 投加量选用 35mg/L、0.15mg/L 时，随着水样 pH 值的增大，出水水样的残余浊度逐渐降低，当 pH 值为 7.5 时，残余浊度和 COD_{Mn} 值均降至最低。虽然 CTS 属于弱阳离子型电解质，pH 值较低时有利于发挥它的电性中和作用，但是 PAC 是主絮凝剂，起电性中和的作用，而助凝剂 CTS 起吸附架桥和网捕卷扫作用。黄河水的 pH 一般为中性偏碱，因此选用 CTS 作助凝剂不需要调节水样的 pH 值。

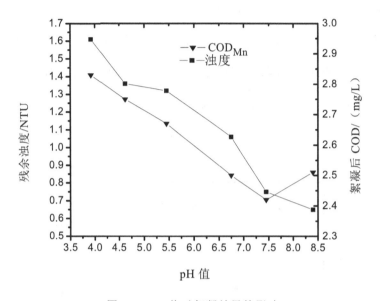

图 8-3　pH 值对絮凝效果的影响

（4）CTS 分子量对絮凝效果的影响。用 H_2O_2 降解的方法制备了不同分子量的壳聚糖。控制 pH 值为 7.5，PAC 及 CTS 投加量分别为 35mg/L、0.15mg/L，由图 8-4 可知，随着 CTS 分子量的增大，出水剩余浊度越来越低。一般来说，对有机高分子絮凝剂，分子量越大，吸附架桥效率越高，除浊率越高。而去除 COD_{Mn} 的效果稍有变化。因为 CTS 本身属于高分子有机化合物，对 COD_{Mn} 有一定的贡献，当其分子量低时，对 COD_{Mn} 的贡献较少，因此出水 COD_{Mn} 也低。当 CTS 分子量大时，容易与水中胶体产生吸附架桥和网捕卷扫，随絮体而沉降，出水 COD_{Mn} 也低。虽然分子量在 20～50 万的壳聚糖溶液去除 COD_{Mn} 的效果不佳，但壳聚糖本身安全无毒，且有抑菌、杀菌作用，具有其他助凝剂不具备的优点。

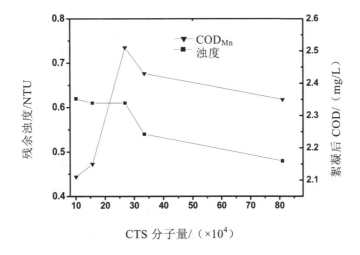

图 8-4　CTS 分子量对絮凝效果的影响

结果表明,用聚合氯化铝作为主絮凝剂、壳聚糖作助凝剂处理黄河水源水,现场考察壳聚糖投加量、pH 值、壳聚糖分子量等因素的影响,当 PAC 投加量为 35mg/L,CTS 投加量为 0.15mg/L 时,壳聚糖助凝效果显著,浑浊度和有机物的去除率均明显提高;测定絮凝过程中溶液 Zeta 电位的变化,表明壳聚糖的絮凝以吸附架桥为主,电性中和为次。

在水处理的研究中 Zeta 电位具有重要的意义,当 Zeta 电位接近于零时,胶体失去稳定性。我们利用微电泳仪测定了絮凝过程中溶液 Zeta 电位的变化。实验过程中将 0.5mL 的水样注入电泳杯,插入电极,电脑图像上的颗粒会随电极的切换左右移动,通过采样、设定、截图测得电位值。结果表明,随着 PAC、CTS 絮凝剂的投加,Zeta 电位的变化曲线如图 8-5、图 8-6 所示,在 pH 值为 8 的黄河原水中,Zeta 电位随着 PAC 用量的增大而增加,电性中和作用明显,而壳聚糖在 0.1～0.4mg/L 的范围里,Zeta 电位几乎不变,表明壳聚糖的絮凝以吸附架桥为主,电性中和为次,考虑到目前壳聚糖的价格,用它配合无机絮凝剂来作助凝剂较为合适。

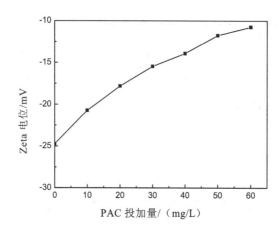

图 8-5　Zeta 电位随着 PAC 投加量变化的曲线

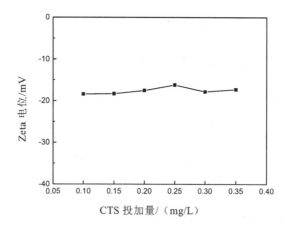

图 8-6　Zeta 电位随着 CTS 投加量变化的曲线

8.3　卷烟滤嘴中的吸附作用

国内外用活性炭等二元或三元复合滤嘴生产的卷烟,在降低焦油含量的同时, 使烟草中的烟碱(也称尼古丁或 1-甲基-2-吡咯烷)随之同幅度降低, 这是许多烟民难以接受的, 同时这种复合滤嘴的价格昂贵(约 0.07 元/支)。有研究人员将纯天然活性高分子材料壳聚糖通过现有的生产设备均匀添加在醋酸纤维滤嘴中,利用它的吸附力和螯合作用,选择性地吸附烟气中的有害成分,如氨气、一氧化碳、焦油、重金属离子等,满足了烟民对低焦油卷烟的要求,同时降低了生产成本,增强了国内品牌卷烟在国际市场上的竞争力。

复合滤嘴卷烟的简要生产过程为:取 140～200 目的壳聚糖粉使其均匀悬浮于三醋酸甘油酯中,配成 0.1g/mL 的悬浊液,在滤嘴机上喷淋到醋纤丝上,再进一步制成二元壳聚糖复合滤嘴,每支复合滤嘴中含吸附剂约 2mg。考虑到吸附能力、原料成本及与实际生产设备的接合等因素,壳聚糖颗粒直径不能选得太大或太小,然后将其卷成标准的卷烟。

卷烟烟气分析经郑州烟草院质量检测站按行业执行标准进行检测分析,其结果见表 8-2。

表 8-2　复合滤嘴卷烟烟气分析结果　　　　　　　　　　单位:mg/支

分析项目	焦油	烟碱	一氧化碳	水分
空白样品	18.6	1.05	0.033	2.04
实验样品	15.5	1.01	0.010	2.02

一般卷烟过滤嘴是由纤维素丝或无纺布制成,只起着一般的过滤作用,即阻挡烟气中的微小固体颗粒(气溶胶),对极微小的气溶胶过滤性甚差。过滤嘴材料中加入活性炭制成的复合滤嘴进行的是物理吸附。而壳聚糖吸附烟气中的有害成分表现为两种基本形式:分子间的物理吸附和化学吸附。分子间的物理吸附是指呈中性的有机和无机分子靠分子间的范德华力被壳聚糖大分子吸附在网状结构的骨架上;烟气中的有害物质如氨气、一氧化碳都是有极性的,很容易和壳聚糖大分子的-NH$_2$ 基团或-OH 基团形成分子间的氢键结合或螯合以及离子电性吸附,即化学吸附作用。

研究结果表明：壳聚糖可以选择性地吸附烟气中的有害成分如一氧化碳、焦油;焦油含量还可以根据不同的消费群体的需要用调节壳聚糖在复合滤嘴中的含量等方法来调节，烟支中加入 1.0mL 的脱乙酰度为 90%的壳聚糖溶液，主流烟气中焦油降低 15.5%，烟碱降低 13.8%，不仅大大降低了香烟中有害成分对人体的毒害，而且改善了香烟的品位，提高了香烟的档次;壳聚糖吸附剂分子结构特殊，对烟草中的有害成分有去除作用，应用范围广泛，无毒无害，利于环境保护，不会造成二次污染，有发展前景。

8.4 印染废水处理中的应用

在印染废水中通常含有大量的有机染料,这些有色的污染物通常是市政废水处理中的一大难题。处理这些废水一般有两种做法：一是用生物的或化学的方法将染料破坏以脱色；二是通过吸着、沉淀、离子交换作用来脱除染料。壳聚糖分子中含有大量的氨基，在酸性条件下，游离氨基质子化，使壳聚糖带正电荷，而染液中大部分染料以阴离子染料形式存在，因此，壳聚糖对直接、活性、酸性、还原、硫化、冰染、分散等染料具有极大的亲和力，从而可用作染色废水的吸附剂。印染废水中往往还含有多种重金属离子，由于壳聚糖分子中含有氨基和羟基，它能与许多金属离子形成络合物，是一种天然的高分子螯合剂。事实上，能与金属离子相螯合的众多天然高分子物中，壳聚糖是目前吸附能力最大的吸附剂。壳聚糖本身，或部分脱乙酰甲壳素，或将壳聚糖的氨基加以化学改性，或将壳聚糖交联处理，均可制成吸附剂，用来从废水中有效地吸附或回收 Cu^{2+}、Hg^{2+}、Fe^{2+}、Ni^{2+}、Cr^{3+}、Zn^{2+}、Co^{2+}、Ag^+等重金属离子，其中应用壳聚糖从废水中回收铜离子已实现工业化。

1993 年,《朝日新闻》曾报道了俄国政府在挪威海域将一艘核舰艇打捞起来,在该舰艇上约有十几千克放射性物质铈。据专家预测,若不妥善处理这些放射性物质,失事地点附近海域将会造成 600 年不能捕鱼。为此挪威政府向俄国提出了强烈抗议。俄国政府被迫购买了大量冻胶状态的甲壳素填入船舱,正是依靠这些甲壳素牢固地吸附住放射性物质,防止辐射线外泄,取得了良好的效果,此举震惊了全世界。根据资料报道,在 pH 值为 6.5 时,微晶壳聚糖对 Fe、Cu、Pb、Mn、Zn、Mg 离子的去除率通常在 90%~100%之间。壳聚糖这一独特的性质在印染废水处理中已得到实际的应用,许多有公害的重金属离子可以通过壳聚糖的螯合作用而被去除。无论是靠离子键对阴离子型染料进行吸附脱色,还是靠配位键对重金属离子进行吸附螯合,壳聚糖本身相对表面积的大小都直接影响着其吸附能力的大小。如果能将壳聚糖做成多孔的空心颗粒,则会大大提高其对有机染料和重金属离子的吸附能力。在这方面国外已有研究报道,做出的壳聚糖多孔空心颗粒直径约为 0.1~1.0mm,可重复使用至少 20 次。我国杭州有关研究单位曾用羟甲基壳聚糖对染液和印染废水进行脱色实验,结果色度去除率超过 90%,COD(化学耗氧量)去除率大于 70%。这表明其处理印染废水的能力大大胜过聚丙烯酰胺,处理后的废水品质已接近于地面清洁水。在处理完印染废水后,这些用过的吸附剂被发现还可进一步用做造纸的纤维原料。由此可见,壳聚糖及其衍生物在印染废水处理方面有着广阔的应用前景。

随着人们对壳聚糖研究的进一步深入,壳聚糖在纺织品染色和功能性整理中的应用也将越来越广泛。由于壳聚糖衍生物的种类越来越多,经不同改性后的壳聚糖所获得的性能也将更加优良和适用。由于甲壳素是一种资源丰富、价格低廉的天然高分子聚合物,大力加强它在纺织印染工业中的应用研究对保护自然生态环境、实现纺织品的绿色清洁生产有着极为重要的意义。

参考文献

[1] 胡超. 蒙脱石加载壳聚糖及复合物对重金属离子的吸附[D]. 武汉：华中
农业大学，2016.

[2] Uragami T, Tokura S. Material Science of Chitin and Chitosan[M]. kodansha
ltd, Osaka, 2006.

[3] Alver E, Metin A U, Ciftci H. Synthesis and Characterization of Chitosan/
Polyvinylpyrrolidone/Zeolite Composite by Solution Blending Method[J].
Journal of Inorganic & Organometallic Polymers & Materials, 2014, 24(6):
1048-1054.

[4] 蒋挺大. 壳聚糖[M]. 北京：化学工业出版社，2001.

[5] 施晓文，邓红兵，杜予民，等. 甲壳素/壳聚糖材料及应用[M]. 北京：
化学工业出版社，2015.

[6] 李蕾. 静电纺丝壳聚糖纳米纤维膜的制备及对六价铬离子吸附的研究[D].
北京：中国科学院研究生院（过程工程研究所），2016.

[7] 唐凯，王阳，周雨婷，等. 壳聚糖及其衍生物去除水中汞的研究进展[J].
环境影响评价，2019，41（05）：72-76.

[8] 张安超，向军，孙路石，等. 新型改性吸附剂制备、表征及脱除单质汞
的实验研究[J]. 化工学报，2009，60（6）：1546-1553.

[9] Chiu C, Huang T, Wang Y, et al. Intercalation strategies in clay/polymer hybrids[J]. Progress in Polymer Science Topical Issue on Composites, 2014, 39(3): 443-485.

[10] Calagui M J C, Senoro D B, Kan C C, et al. Adsorption of indium(III) ions from aqueous solution using chitosan-coated bentonite beads[J]. Journal of Hazardous Materials, 2014, 277(jul.30): 120-126.

[11] Wang H, Tang H, Liu Z, et al. Removal of cobalt(II) ion from aqueous solution by chitosan-montmorillonite[J]. 环境科学学报(英文版), 2014, 26(9): 1879-1884.

[12] Futalan C M, Kan C, Dalida M L, et al. Fixed-bed column studies on the removal of copper using chitosan immobilized on bentonite[J]. Carbohydrate Polymers, 2011, 83(2): 697-704.

[13] Muzzarelli R A A. Potential of chitin/chitosan-bearing materials for uranium recovery: An interdisciplinary review[J]. Carbohydrate Polymers, 2011, 84(1): 54-63.

[14] Soltermann D, Marques Fernandes M, Baeyens B, et al. Competitive Fe(II) – Zn(II) Uptake on a Synthetic Montmorillonite[J]. Environmental Science & Technology, 2014, 48(1): 190-198.

[15] Wan Ngah. W S, Teong L C, Toh R H, et al. Comparative study on adsorption and desorption of Cu(II) ions by three types of chitosan-zeolite composites[J]. Chemical Engineering Journal, 2013, 223(5): 231-238.

[16] Bhardwaj N, Kundu S C. Electrospinning: A fascinating fiber fabrication technique[J]. Biotech Adv, 2010, 28(3): 325-347.

[17] Zhao R, Li X, Sun B, et al. Preparation of phosphorylated polyacrylonitrile-based nanofiber mat and its application for heavy metal ion removal[J]. Chemical Engineering Journal, 2015, 268: 290-299.

[18] Ye T, Wu M, Liu R, et al. Electrospun membrane of cellulose acetate for heavy metal ion adsorption in water treatment[J]. Carbohydrate Polymers, 2011, 83(2): 743-748.

[19] Stephen M, Catherine N, Brenda M, et al. Oxolane-2, 5-dione modified electrospun cellulose nanofibers for heavy metals adsorption[J], Journal of Hazardous Materials, 2011, 192(2): 922-927.

[20] Zhou W, He J, Cui S, et al. Preparation of electrospun silk fibroin/Cellulose Acetate blend nanofibers and their applications to heavy metal ions adsorption[J], Fibers and Polymers, 2011, 12(4): 431-437.

[21] Ma H, Benjamin H, Benjamin C. Electrospun Nanofibrous Membrane for Heavy Metal Ion Adsorption[J]. Current Organic Chemistry, 2013, 17(13): 1361-1370.

[22] 彭湘红. 甲壳素、壳聚糖的改性材料及其应用[M]. 武汉：武汉出版社, 2009.

[23] 秦雯. 新型复合絮凝剂处理地表水的实验研究[D]. 武汉：武汉理工大学, 2012.

[24] 郑怀礼, 陈新, 黄文璇, 等. 改性壳聚糖絮凝剂及其应用研究进展[J]. 水处理技术, 2019, 45（11）: 1-6.

[25] 刘冰枝. 聚羧酸-壳聚糖基新型絮凝剂及应用性能研究[D]. 重庆：重庆大学, 2018.

[26] 李永明，于水利，唐玉霖. 壳聚糖絮凝剂在水处理中的应用研究进展[J]. 水处理技术，2011，37（09）：11-14.

[27] 刘慧. 壳聚糖及其表面活性剂复合物的抗菌性与抗菌机理的研究[D]. 武汉：武汉大学，2004.

[28] 孙刚正. 羧甲基油酰壳聚糖的制备、性质及其对含油废水絮凝机理的研究[D]. 青岛：中国海洋大学，2010.

[29] 徐永平. 壳聚糖絮凝剂的微波制备及在高蛋白含量废水处理中的应用[D]. 上海：东华大学，2005.

[30] Sharma R K, Lalita, Singh A P. Sorption of Pb(II), Cu(II), Fe(II) and Cr(VI) metal ions onto cross-linked graft copolymers of chitosan with binary vinyl monomer mixtures[J]. Reactive and Functional Polymers, 2017, 121: 32-44.

[31] 雷武，王风云，夏明珠，等. 绿色阻垢剂聚环氧琥珀酸的合成与阻垢机理初探[J]. 化工学报，2006（09）：2207-2213.

[32] 邝钜炽，陆恩锡，钟理. 新型聚阳离子阻垢剂——壳聚糖[J]. 中山大学学报（自然科学版），2001，40（3）：52-55.

[33] 张天胜. 缓蚀剂[M]. 北京：化学工业出版社，2002.

[34] 杨小刚，邵丽艳，张树芳，等. 海水中水溶性壳聚糖及其降解产物对低碳钢缓蚀性能的影响[J]. 中国腐蚀与防护学报，2008，28（6）：325-329.

[35] 邵丽艳. 海水介质中壳聚糖及其衍生物的缓蚀性能研究[D]. 青岛：中国海洋大学，2006.

[36] 王峰，李义久，倪亚明，等. 丙烯酰胺接枝共聚壳聚糖絮凝剂的合成及絮凝性能研究[J]. 工业水处理，2003，23（12）：45-47.

[37] 李再兴，孙建民，张斌，等．H$_2$O$_2$水解壳聚糖阻垢性能研究[J]．给水排水，2004，30（3）：38-40.

[38] 尹静．新型绿色阻垢剂的研究与应用[D]．天津：河北工业大学，2009.

[39] 肖纪美，曹楚南．材料腐蚀学原理[M]．北京：化学工业出版社，2002.

[40] 陈腾殊．壳聚糖改性聚天冬氨酸聚合物的制备及其阻垢缓蚀机理研究[D]．武汉：武汉理工大学，2018.

[41] 陈德英．羧甲基壳聚糖对金属缓蚀性能的研究[D]．青岛：中国海洋大学，2009.

[42] 张海真，孙小梅，李步海．磁性壳聚糖微球的制备及其对脱落酸的吸附[J]．武汉大学学报（理学版），2007（06）：669-673.

[43] 周利民，王一平，黄群武．改性磁性壳聚糖微球对 Cu^{2+}、Cd^{2+}和 Ni^{2+}的吸附性能[J]．物理化学学报，23（12）：1979-1984.

[44] 周启星，宋玉芳．污染土壤修复原理与方法[M]．北京：科学出版社，2004.

[45] 陈志明．不同改良剂修复重金属铬污染土壤的研究[D]．泰安：山东农业大学，2010.

[46] 廖华丰．重金属污染土壤修复淋洗剂遴选研究[D]．武汉：华中科技大学，2009.

[47] 武娜娜．壳聚糖改性吸附剂的制备及其在重金属污染的污水和土壤处理中的应用[D]．广州：华南理工大学，2014.

[48] 李增新，梁强，孟韵．壳聚糖对污染土壤中吸附态 Pb（Ⅱ）的解吸作用[J]．生态环境，2008，17（3）：1049-1052.

[49] 艾林芳．水溶性羧甲基壳聚糖在重金属污染土壤修复中的应用研究[D]．南昌：东华理工大学，2012.

[50] 匡少平，吴占超. 磁性壳聚糖纳米材料的制备与应用[M]. 北京：化学工业出版社，2017

[51] 李知函. 壳聚糖基生物质抑菌材料的制备及其应用研究[D]. 广州：华南理工大学，2016.

[52] 冯永巍. 壳聚糖的化学改性及其衍生物的抑菌活性研究[D]. 无锡：江南大学，2011.

[53] 郭祥峰，贾丽华. 阳离子表面活性剂及应用[M]. 北京：化学工业出版社，2002.

[54] Takahashi T, Imai M, Suzuki I, et al. Growth inhibitory effect on bacteria of chitosan membranes regulated with deacetylation degree[J]. Biochemical Engineering Journal, 2008, 40(3): 485-491.

[55] Mi F, Wu Y, Shyu S, et al. Asymmetric chitosan membranes prepared by dry/wet phase separation: a new type of wound dressing for controlled antibacterial release[J]. J Membrane Sci, 2003, 212(1): 237-254.

[56] 赵希荣. 壳聚糖防腐抗菌剂的研究[D]. 无锡：江南大学，2006.

[57] 郑化，杜予民. 纤维素/羧甲基壳聚糖共混膜结构与抗菌性能[J]. 高分子材料科学与工程，2002（04）：124-128.

[58] 朱婉萍. 甲壳素及其衍生物的研究与应用[M]. 杭州：浙江大学出版社，2014.

[59] 贺延龄. 废水的厌氧生物处理[M]. 北京：中国轻工业出版社，2001.

[60] Chua H, Yap M G S, Ng W J, Bacterial populations and their roles in a pharmaceutical-waste anaerobic filter[J]. Water Research, 1996, 30(12): 3007-3016.

[61] 陈坚. 环境生物技术[M]. 北京：中国轻工业出版社，2002.

[62] 金平正，金闻博. 卷烟烟气安全性与危害防范[M]. 北京：中国轻工业出版社，2009.

[63] Chongrak Polprasert, Thammarat Koottatep. Organic Waste Recycling: Technology, Management and Sustainability[M]. London, IWA publishing, 2017.

[64] 刘明华. 生物质的开发与利用[M]. 北京：化学工业出版社，2012.